科普图鉴系列

鸟

余大为 韩雨江 李宏蕾◎主编

吉林科学技术出版社

图书在版编目（CIP）数据

鸟 / 余大为，韩雨江，李宏蕾主编． -- 长春：吉林科学技术出版社，2024.5
（科普图鉴系列）
ISBN 978-7-5744-1303-0

Ⅰ．①鸟… Ⅱ．①余… ②韩… ③李… Ⅲ．①鸟类—图集 Ⅳ．① Q959.7-64

中国国家版本馆 CIP 数据核字（2024）第 088679 号

KEPU TUJIAN XILIE　NIAO

科普图鉴系列　鸟

主　　编	余大为　韩雨江　李宏蕾
出 版 人	宛　霞
策划编辑	宿迪超
责任编辑	赵维春
助理编辑	郭劲松
封面设计	长春美印图文设计有限公司
制　　版	长春美印图文设计有限公司
幅面尺寸	260 mm×250 mm
开　　本	12
印　　张	12
字　　数	120 千字
印　　数	1-6 000 册
版　　次	2024 年 5 月第 1 版
印　　次	2024 年 5 月第 1 次印刷
出　　版	吉林科学技术出版社
发　　行	吉林科学技术出版社
地　　址	长春市福祉大路 5788 号
邮　　编	130118
发行部电话 / 传真	0431-81629529　81629530　81629531
	81629532　81629533　81629534
储运部电话	0431-86059116
编辑部电话	0431-81629518
印　　刷	长春百花彩印有限公司
书　　号	ISBN 978-7-5744-1303-0
定　　价	49.00 元

目 录

探访飞鸟王国
解密鸟类档案
追寻空中旅客
动物常识测试
即刻扫码

黄鹂

黄鹂是属于雀形目黄鹂科的中型鸣禽。黄鹂的喙很长，几乎和头一样长，而且很粗壮，在尖处向下弯曲，翅膀尖长，尾巴呈短圆形。它们的羽毛色彩艳丽，多为黄色、红色和黑色的组合，雌鸟和幼鸟的身上带有条纹。黄鹂主要分布于除新西兰和太平洋岛屿以外的东半球热带地区，它们喜欢生活在阔叶林中，栖息在平原至低山的森林地带或村落附近的高大树木上。巢穴由雌鸟和雄鸟共同建造，鸟巢呈吊篮状悬挂在枝杈间，多以细长植物纤维和草茎编织而成。黄鹂每窝产蛋 4 ~ 5 枚，蛋是粉红色的，有玫瑰色斑纹。孵蛋的任务由雌鸟完成，一般经过半个月的时间小黄鹂就破壳了，这时雌鸟和雄鸟会一起照顾它们，直到幼鸟离开鸟巢。

雌黄鹂鸟

雄黄鹂鸟

黄鹂吃什么

野生的黄鹂主要捕食梨星毛虫、蝗虫、蛾子幼虫等，偶尔也吃些植物的果实和种子。被捕获后的黄鹂主要食用人工饲料，同时喂少量的瓜果和昆虫，它们需要先慢慢适应人工饲料，有许多成鸟被捕获后不适应人工环境和饲料，绝食而死。目前饲养黄鹂鸟的寿命最少能达到 5 年。

黄鹂鸟难辨雌雄

黄鹂鸟的雌雄很难辨认。大家都知道雄鸟看起来十分霸道，有着强健的体魄、犀利的眼，通常以头上黑枕的宽窄来区分雌雄，但这远远是不够的，雌黄鹂鸟头上的黑枕也可以长到与雄鸟类似。雌鸟羽毛的黑色没有雄鸟的黑色鲜艳亮丽，雌鸟眼神中缺少雄鸟的霸气，雄黄鹂鸟无时无刻不透露着杀气，而且头顶的黄色会随着年岁的增长而变小。

金黄鹂

- **体长**：约24厘米
- **食性**：杂食性
- **分类**：雀形目黄鹂科
- **特征**：身体呈金黄色，翅膀和尾巴为黑色

即刻扫码

- 探访飞鸟王国
- 解密鸟类档案
- 追寻空中旅客
- 动物常识测试

黄鹂鸟的喙很长。

金黄色的身体。

黄鹂鸟的爪细如钩。

尖长的翅膀大部分为黑色。

5

大山雀

大山雀是一种观赏鸟，属于中型鸟，身体长 12 ～ 14 厘米，整个头部呈黑色，脸颊上有两块较大的白斑，上背部和两肩呈黄绿色，下背部和尾巴呈蓝灰色，翅膀为蓝灰色，它们的羽毛色彩艳丽，带有光泽，非常漂亮。大山雀分布比较广泛，种群数量非常丰富，是常见的鸟之一。

勇猛的大山雀

在大山雀美丽的外表下隐藏着非常勇猛的天性。大山雀在打斗时非常凶猛，甚至会造成死亡。它们在捕食的时候也非常凶猛，像猛禽一样把猎物的毛全部拔光，不断啄下肉来吃。可见大山雀具有无比勇猛的本性。

果园的保卫者

大山雀经常出现在山林和果园中，它们是果园的保卫者。果园里的害虫种类多、数量大，大山雀在果园里绝对不会让这些害虫为非作歹，它们会在果园里执行灭虫任务。它们的灭虫技术非常高超，经常忙碌地在果树与果树之间巡逻，细心地搜寻着。它们有时在树上攀爬，有时紧贴在树枝上，有时甚至倒挂在树干上，无论害虫如何伪装都逃不过它们的眼睛，就连躲在树缝中的害虫都不能逃脱。它们绝对是最称职的果园保卫者。

大山雀的巢穴

大山雀是非常聪明的鸟，它们会把巢穴建在树洞里，这样可以很好地躲避风雨，即使是狂风暴雨，它们的巢穴也能在大树的保护下安然无恙。

大山雀

- **体长：** 12～14厘米
- **食性：** 肉食性
- **分类：** 雀形目山雀科
- **特征：** 脸颊上有两块较大的白斑

长了个京剧脸谱里的大白脸。

披着多彩亮丽的羽毛。

7

伯劳

伯劳属于一种肉食的中小型的雀鸟，俗称"胡不拉"。伯劳翅膀短圆，呈凸尾状，脚部强健，脚趾有钩。它们生性凶猛，善于捕捉猎物，能用强有力的喙啄死大型昆虫、蜥蜴、鼠和小鸟。伯劳很聪明，它们会将捕获的诱饵挂在尖锐的小灌木上，就像人类将肉挂在钩子上，等待猎物自投罗网，因此伯劳鸟又被叫作"屠夫鸟"。它们喜欢生活在开阔的林地，栖息于树顶，只在捕食的时候回到地面上。

棕背伯劳
- 体长：23~28厘米
- 食性：肉食性
- 分类：雀形目伯劳科
- 特征：背部呈棕色，性情比较凶猛

劳燕分飞

伯劳在我国是极为常见的鸟，因为常见，所以在古时候常被一些文人骚客写进诗里。和伯劳一起被写进诗里的还有燕子，在《西厢记》中曾这样写道："他曲未通，我意已通，分明伯劳飞燕各西东。"诗中描写了东飞的伯劳遇到了西飞的燕子，然而它们在短暂的相遇之后注定要离别，如此构成了一幅悲伤的画面，此后"劳燕分飞"就成了分别后不再聚首的象征。

大嘴的"小猛禽"

伯劳属于中小型雀，它有个很大的特征就是嘴巴很大而且很强壮，上嘴尖端带有利钩和缺刻，像鹰嘴一样锋利有劲。伯劳是生性凶猛的肉食动物，利用强有力的嘴捕捉猎物，可以捕捉青蛙、老鼠甚至其他小型鸟，素有"小猛禽"之称。

眼睛附近宽阔的
黑色花纹就像是
画了眼线。

色彩艳丽的
羽毛。

小小的伯劳却拥
有一张大嘴巴。

9

绣眼鸟

绣眼鸟常年生活在树上，主要吃昆虫、花蜜和甜软的果实。因为它们眼部周围被明显的白色绒羽环绕，形成一个白眼圈，因此被称为绣眼鸟。绣眼鸟生性活泼好动，羽毛颜色靓丽，歌声委婉动听，所以人们都喜欢饲养它。它们很爱干净，饮水的最大原则就是清洁，所以最好给它们喝凉开水，或者是放置了几个小时的自来水。每当天气晴朗、阳光大好的时候就应该带着小家伙出去享受日光浴，因为日光浴对小鸟有很大的好处，它们也会觉得晒日光浴很舒服。冬天除了晒太阳，最好不要把它们挂在室外。绣眼鸟的体形较小，自我保护能力较弱，所以要防止猫、鼠的侵害，我们喜欢观赏它们就要保护好它们。

绣眼鸟的不同种类

绣眼鸟是雀形目绣眼鸟科鸟的统称，共有97种之多。暗绿绣眼鸟，俗称"绣眼儿"，喜欢在浓密的枝叶下做巢，巢穴像吊篮一样，小巧精致。红胁绣眼鸟与暗绿绣眼鸟很相似，不同的是它们在两胁处有明显的栗红色，它们生活在东北、河北的山林地区，筑巢的材料因条件的不同而发生变化。还有一种灰腹绣眼鸟，橄榄绿色，它们和暗绿绣眼鸟长得很相似，喜欢在最高树木的顶端活动，分布在亚洲东部。

暗绿绣眼鸟

- **体长：** 约11厘米
- **食性：** 杂食性
- **分类：** 雀形目绣眼鸟科
- **特征：** 眼睛周围有白色的羽毛，看上去像一个白眼圈

爱洗澡的绣眼鸟

　　绣眼鸟非常爱干净，它们喜欢洗澡，即使在气温很低的时候也会洗澡。洗澡时可以把一个浅水盆放在笼子里，水的高度到鸟下腹羽毛为止。天气比较凉时，洗澡的时间应该在午后气温升高的时候，选择在有太阳直射的温暖的室内进行，最好在无风的环境下洗澡，因为鸟儿和我们人类一样，也会感冒。

爱干净的绣眼鸟羽毛非常靓丽。

绣眼鸟有双圆长的翅膀。

绣眼鸟的喙细小且尖。

眼睛周围的白色羽毛。

牛椋鸟

牛椋鸟属于雀形目椋鸟科，分为两种：红嘴牛椋鸟和黄嘴牛椋鸟。牛椋鸟体长20厘米，是离趾型足，有三根脚趾在前面，一根脚趾在后面，后面的脚趾和前面的中趾等长。牛椋鸟的腿部较细，喙扁平宽阔。牛椋鸟主要生活在地形平坦且有灌木、草场和水源丰富的地方。它们喜欢栖息在大型草食动物的身体上，啄食它们身上的寄生虫。在非洲大草原上，能够见到大型草食动物的地方就能看到牛椋鸟的身影。它们通过自己扁平的喙帮助草食动物整理毛发，啄食它们身上的虫子。虽然牛椋鸟寄宿在动物的身上，但是它们也是需要筑巢的鸟，通常在3～5月和10～12月筑巢，属于季节性筑巢。它们很聪明，为了省力，经常会在啄木鸟废弃的巢穴里筑巢。牛椋鸟会成对地生活在巢穴里，有时它们也会成群地生活在一起。

牛椋鸟与犀牛的友谊

牛椋鸟和犀牛是好朋友，因为它们之间存在着一种共生的关系，是形影不离的亲密伙伴。犀牛的皮肤坚硬厚重，但是在褶皱处却非常细嫩，有一些小虫子就喜欢躲在褶皱里，这让犀牛疼痒难忍，却又无可奈何。而牛椋鸟栖息在犀牛的背上，以这些小虫子为食，不仅自己吃得饱饱的，还能起到为犀牛驱虫的作用。不仅如此，牛椋鸟还非常机灵，能够在危险来临的时候及时向犀牛发出警告，让犀牛提前做好准备。因此，它们建立了深厚的友谊，互不分离。

牛椋鸟与羚羊"咬耳朵"

牛椋鸟和羚羊有着非常亲密的关系。在南非克鲁格国家公园中，一位摄影师发现了一个很有意思的画面：在一片草地上，一只牛椋鸟站在一只高角羚的头上，头部伸进高角羚的耳朵里，为高角羚挠痒痒，高角羚一脸享受的表情，惹得游客们忍俊不禁。

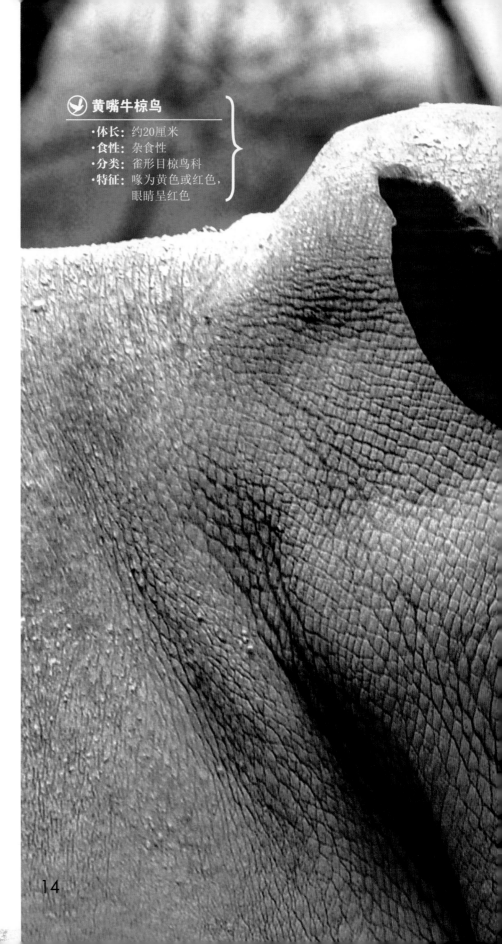

🕊 **黄嘴牛椋鸟**

- **体长：** 约20厘米
- **食性：** 杂食性
- **分类：** 雀形目椋鸟科
- **特征：** 喙为黄色或红色，眼睛呈红色

14

牛椋鸟有个
大宽喙。

牛椋鸟有双
小细腿。

15

乌鸦

乌鸦披着一身黑色的羽毛，它们的嘴巴、腿、爪也都是纯黑色的，表情严肃，深沉，浑身充斥着一种神秘的气息。它们通身乌黑，加上灵敏的嗅觉让它们总是能出现在腐烂的尸体旁边，因此人们认为它们是不祥之鸟。其实它们也是很可爱的鸟，它们聪明、活泼、易于交往，是应当受到人类关爱的鸟。乌鸦共有41个种类，在世界各地都有分布，在我国就有7种。其实乌鸦不都是黑色的，还有白化品种。乌鸦的食性比较杂，它们会吃浆果、谷物、昆虫、鸟蛋，甚至是腐烂的肉。

痴情鸟

在寓言故事中，乌鸦通常都是以负面形象出现，它们被形容成虚荣心强、自命不凡的家伙，甚至是盗贼。其实乌鸦是很可爱的，它们聪明、好动，并且对爱情非常专一。乌鸦非常忠于爱情，它们求偶的方式也非常特别，雄鸟会朝着中意的对象温柔地叫，雌鸟接受的方式就是张开嘴等待着雄鸟喂食。当它们确定彼此坠入爱河之后，就会相伴终生。

聪明的乌鸦

虽然乌鸦的形象我们都不看好，但是它们却是非常聪明的动物。通过人们的观察发现，乌鸦可以独立完成很多复杂的动作。比如当它们发现一大块食物时，它们会将无法一次带走的食物分割成小块带走；它们会将散落的饼干精确地整理在一起，然后一起叼走；为了诱导敌人，它们会伪造一个食物仓库。这些例子足以证明乌鸦具有超乎寻常的智商。

因为嘴巴非常大，
所以被叫作"大嘴
乌鸦"。

🐦 乌鸦

- **体长**：50～60厘米
- **食性**：杂食性
- **分类**：雀形目鸦科
- **特征**：全身羽毛为黑色，
  嘴巴比较大

乌鸦的羽毛、嘴巴、
腿全都是黑色的。

17

喜鹊

古时候人们都希望每天早上一出门就能见到喜鹊，因为在中国喜鹊象征着吉祥、好运。喜鹊的体形很大，体长约 50 厘米，常见的羽毛颜色为黑白配色，羽毛上带有蓝紫色金属光泽，在阳光的照射下闪闪发光。喜鹊分布范围非常广泛，除南极洲、非洲、南美洲和大洋洲没有分布外，其他地区都可以看到它们的身影。它们可以在许多地方安家，尤其喜欢出没在人类生活的地方。但是喜鹊并没有想象中的那样好脾气，它们属于性情凶猛的鸟，敢于和猛禽抵抗。如果有大型猛禽侵犯它们的领地，喜鹊们会群起围攻，经过激烈的厮杀，使猛禽重伤甚至毙命。

🕊 **喜鹊**

- **体长**：约50厘米
- **食性**：杂食性
- **分类**：雀形目鸦科
- **特征**：颜色为黑色和白色，身上有蓝紫色的金属光泽

喜鹊的家

在气候比较温暖的地区，喜鹊 3 月份就进入了繁殖期，每到繁殖的季节，雌鸟和雄鸟就开始忙着筑巢。喜鹊会选择把巢穴建在高大的乔木上，它们喜欢将巢建在高处，一般巢穴的高度在距离地面 7～15 米的地方。喜鹊的巢穴似球形，主要由粗树枝组成，其中混合了杂草和泥。为了更加舒适，它们在巢穴中还垫了草根、羽毛等柔软的物质。

鹊桥的故事

在传说中，每年的七月初七这一天喜鹊都会不见踪影，那是因为它们都忙着飞到天上去搭鹊桥了。鹊桥是用喜鹊的身体搭成的桥。相传是由于牛郎织女真挚的爱情故事感动了鸟神，而它们被银河隔开，为了能够让牛郎和织女顺利相会，会飞的喜鹊在银河上用身体搭桥。此后，"鹊桥"便引申为能够连接男女之间良缘的各种事物。

喜鹊的头部、颈部、背
部、尾部都有黑色。

家燕

家燕在生活中很常见，是属于燕科燕属的鸟。家燕的翅膀狭长而且尖，尾部呈叉状，像一把打开的剪刀，也就是我们常说的"燕尾"。它们体态轻盈，反应灵敏，擅长飞行，能够急速转变方向，经常可以看到它们成对地停落在电线上、树枝上，或者张着嘴在捕食昆虫。它们属于候鸟，到了冬天就会成群结队地飞到南方躲避寒冷，等到第二年春天再飞回来。家燕不害怕人类，它们喜欢在有人类居住的环境下栖息，还会在屋檐下做窝。

翅膀狭长尖细。

尾部是张开的剪刀状。

飞来飞去捉虫忙

家燕是益鸟，主要以蚊、蝇等各种昆虫为食，它们善于在天空中捕食飞虫，不善于在缝隙中搜寻昆虫。它们所需要的食物量很大，几个月就能吃掉几万只昆虫，一窝家燕灭掉的昆虫相当于 20 个农民喷药杀死的昆虫，而且还没有污染。所以我们经常能看到燕子在人前飞来飞去，那是它们在忙着捉昆虫呢。

南来北往的"游牧民族"

燕子属于候鸟，每年都需要迁徙。北方的冬天非常寒冷，食物也很少，燕子不得不飞到南方去过冬，等到第二年春暖花开的时候它们又会成群结队地飞回来。燕子喜欢在北方繁殖后代，因为北方地区夏季昼长夜短，这样就有更长的时间可以觅食，哺育后代，而且北方地区的天敌较少，可以减少被捕食的压力。

穿花衣的小燕子

家燕时而在空中盘旋，时而滑翔到树枝上，经常飞来飞去，跳来跳去，人们天天见到它们，却分辨不出它们到底是什么颜色的。大部分人认为家燕是黑白配色，其实家燕是彩色的，它们额部和下颌是栗红色的，背部羽毛是黑蓝色的，胸前有一缕蓝色羽毛像是戴着一条项链。全身的羽毛在阳光下闪烁着金属光泽，非常美丽。

嘴巴短而宽扁，
利于捕食飞虫。

家燕

- **体长：**约15厘米
- **食性：**肉食性
- **分类：**雀形目燕科
- **特征：**喉部呈红褐色，身
  上有蓝紫色的金属
  光泽，尾部分叉

背部为黑蓝色
带有光泽。

21

麻雀

　　小小的麻雀，外表并不惊人，可它们却是一直陪伴着人类的好伙伴。麻雀分布广泛，在欧洲、中东、中亚、东亚及东南亚地区都有它们的身影。它们属于杂食性鸟类，谷物成熟时，它们会吃一些禾本科植物的种子，在繁殖期时，则主要以昆虫为食。麻雀是非常喜欢群居的鸟，在秋季，人们会发现大群的麻雀，通常数量高达上千只，这种现象被称为"雀泛"。而到了冬季，它们又会组成十几只的小群。它们非常团结，如果发现入侵者，就会一起将入侵者赶走。它们虽然弱小，但却机警聪明而且非常勇敢。

🕊 **麻雀**

- **体长：**约14厘米
- **食性：**杂食性
- **分类：**雀形目雀科
- **特征：**身体大部分为褐色，喉部为黑色，两颊有黑色斑纹

翅膀圆短，不能长距离飞行。

麻雀的繁殖

　　麻雀的繁殖能力很强。在北方，每年的 3～4 月份春天就来了，这也是麻雀开始繁殖的季节，对于繁忙的麻雀来说，只有冬季不是它们的繁殖期。麻雀每窝可以产下 4～6 枚卵，每年至少可以繁殖 2 窝，产下的卵需要雌麻雀孵化 14 天，幼鸟就可以破壳而出。孵化出来的幼鸟会被雌鸟细心照顾一个月的时间，然后才离开巢穴。在温暖的南方，麻雀几乎每个月都会繁殖后代，孵化期也要比北方短一些。

温暖的家

　　可爱的麻雀与人类是好朋友，属于和人类伴生的鸟，它们常常栖息在有人类居住的地方。麻雀喜欢将自己的巢穴建在人类的房屋屋檐下或是楼道中，有时它们还会霸占燕子的窝。它们会用干草、枯枝来搭建巢穴。

探访飞鸟王国
解密鸟类档案
追寻空中旅客
动物常识测试
📱即刻扫码

体形很小，体色
为褐色。

麻雀活动时依靠
双脚跳跃前进。

23

长尾山椒鸟

长尾山椒鸟分布于中国大陆的西藏、云南、河北、河南、东北等多个地方，常栖息于多种植被类型的生态环境中，如阔叶林、杂木林、混交林、针叶林以及开垦地附近的林间。长尾山椒鸟主要以昆虫为食，是林区的有益鸟，体色鲜艳，被人类驯化后可供观赏。长尾山椒鸟属于小型鸟。雄鸟的头和背上长有亮黑色的羽毛。长尾山椒鸟的叫声很特别，声音类似于"tsi-tsi-tsi"的声音，声音甜润，像双声笛音一样，音色较低沉。常被人们驯服，作为观赏鸟类饲养。

喜欢团体行动的群体

长尾山椒鸟喜欢结群活动。在空中盘旋时，它们会选择降落在开阔的高大树冠上。它们经常结成 3～5 只的小群体，有时也结成 10 多只的大群，有时也会单独活动。它们的叫声很尖锐，经常是边飞边叫。当群体中的一只鸟飞走，其余鸟也会随之跟着飞走，不会出现落单的情况。它们喜欢在树上找寻食物，很少去地面上或灌木丛中觅食，偶尔也会在空中捕捉昆虫。

繁忙的繁殖期

长尾山椒鸟的繁殖期在 5～7 月之间。一到繁殖期，它们喜欢把巢穴修建在海拔 1000～2500 米的森林乔木上。巢穴的形状类似于杯形，看上去很是精致。巢穴的材质多采用草茎、草根等柔软物搭建而成。雄鸟和雌鸟要共同承担搭建巢穴的责任，等宝宝出生后，雌鸟妈妈负责照看幼鸟，雄鸟爸爸负责在周边巡视以保护家人的安全。

长尾山椒鸟

- **体长：** 17～20厘米
- **食性：** 肉食性
- **分类：** 雀形目山椒鸟科
- **特征：** 身体大部分为亮黑色

胸部羽毛和尾羽拥有像火一般的赤红色。

长尾山椒鸟活动时依靠双脚跳跃前进。

25

鸳鸯

鸳指雄鸟，鸯指雌鸟，合在一起称为鸳鸯。鸳鸯属雁形目的中型鸭科动物，是中国著名的观赏鸟。鸳鸯雌雄异色，雄鸟喙为红色，羽毛鲜艳华丽带有金属光泽，雌鸟喙为灰色，披着一身灰褐色的羽毛，跟在雄鸟后面就像是一个灰姑娘跟着一个花花公子。它们喜欢成群活动，有迁徙的习惯，在9月末10月初会离开繁殖地向南迁徙，次年春天会陆续回到繁殖地。它们会等到天气变暖后才开始筑巢繁殖。繁殖期间主要生活在山地以及森林中的河流、湖泊、水塘、芦苇沼泽和田地中。鸳鸯属于杂食性动物，它们通常在白天觅食，春冬时节主要以青草、树叶、苔藓、农作物及植物的果实为食，繁殖季节主要以白蚁、石蝇、虾、蜗牛等动物性食物为主。鸳鸯生性机警，回巢时，会先派一对鸳鸯在空中侦察，确认没有危险后才会一起落下休息，如果发现有危险就会发出警报，通知小伙伴们迅速撤离。

🦅 **鸳鸯**
- **体长：** 41～49厘米
- **食性：** 杂食性
- **分类：** 雁形目鸭科
- **特征：** 雄性颜色艳丽，有帆状的飞羽，雌性为灰褐色

成双入对的恩爱夫妻

我们经常见到鸳鸯成双入对地出现在水面上，相互打闹嬉戏，悠闲自得，所以人们经常把夫妻比作鸳鸯，把它们看作是永恒爱情的象征，认为鸳鸯是一夫一妻制，相亲相爱、白头偕老，一旦结为配偶将陪伴一生，如果一方死去，另一方就会孤独终老。自古以来也有不少以鸳鸯为题材的诗歌和绘画赞颂纯真的爱情。其实在现实中，鸳鸯并非成对生活，配偶也不会一生都不变，这只是人们赋予了其象征的意义。

世界上最美丽的水禽

在水禽中，鸳鸯的羽毛色彩绚丽，绝无仅有，因此鸳鸯被称作"世界上最美丽的水禽"。雄鸳鸯的头部和身上五颜六色的，看上去温暖和谐，它的两片橙黄色带黑边的翅膀，直立向上弯曲，像一张帆。雄鸳鸯的头上有红色和蓝绿色的羽冠，面部有白色条纹，喉部呈金黄色，颈部和胸部呈高贵的蓝紫色，身体两侧黑白交替，喙通红，脚鲜黄，它用色谱中最艳丽的颜色渲染自己的羽毛，并镀了一层金属光泽，在阳光的照射下闪闪发光，非常美丽。

雄鸳鸯头上顶着
红色和蓝绿色的
羽冠。

具有帆状的
飞羽。

不是所有的鸳鸯都有
鲜艳华丽的羽毛，雌
性的羽毛是灰褐色的。

羽毛上带有金属
光泽，在阳光下
闪闪发光。

29

鹈鹕

鹈鹕分布于各大温暖水域，主要栖息于湖泊、江河、沿海和沼泽地区。鹈鹕体形较大，属于大型游禽，翼展宽 3 米，可以以每小时 40 千米的速度保持长距离飞行。嘴巴长 30 多厘米，是捕鱼的利器。它们生活在水上，善于游泳，在游泳时，脖子呈 "S" 形，并伴随着粗哑的叫声。每天除了游泳捕食，就是在岸上晒太阳、梳洗羽毛。鹈鹕的尾羽根部有个黄色的油脂腺，可以分泌大量的油脂，它们经常用嘴往身上的羽毛涂抹这种油脂，使羽毛变得光滑柔软，而且在游泳的时候可以保持滴水不沾。鹈鹕的蛋很奇特，刚产下的时候呈淡蓝色，不久就会变成白色。目前，该物种数量趋于稳定，属于无生存危机物种。

嘴巴像个"大口袋"

鹈鹕的嘴巴长达 30 多厘米，嘴巴下端有个像口袋一样的可以伸缩的喉囊，那是它们储存食物的地方。当小鹈鹕孵化出来以后，大鹈鹕会将食物吐进巢穴里，给小鹈鹕吃，小鹈鹕再长大一点时，大鹈鹕会把食物储存在"大口袋"里，然后张开大嘴，让小鹈鹕将脑袋伸进它们的"大口袋"里啄取食物。

鹈鹕是如何捕食的

鹈鹕会在游泳的时候捕食猎物，成群的鹈鹕会将鱼群包围，并将鱼群驱赶向岸边水浅的地方，然后将头伸进水里，张开大嘴，连鱼带水都吃进了嘴里，由于这时它的嘴巴很沉，所以当它们浮出水面的时候总是尾巴先出现，然后才是身子和大嘴。它们需要先闭上嘴巴，将囊中的水排挤出去，然后才能将鲜美的鱼儿吞进肚子里。

🕊 白鹈鹕

- **体长：** 140～180厘米
  （包括嘴）
- **食性：** 肉食性
- **分类：** 鹈形目鹈鹕科
- **特征：** 嘴巴下面带有
  一个大的喉囊

鹈鹕的翅展最宽
可达 3 米。

鹈鹕有一个"大口
袋"一样的嘴巴。

31

鸬鹚

鸬鹚属于大型食鱼游禽，善于游泳和潜水。它们的锥形喙强壮带钩，是捕鱼的利器。它们常常栖息于海滨、岛屿、湖泊以及沼泽地带。鸬鹚的种类有很多，代表物种是普通鸬鹚。夏天，它们的头、颈和羽冠呈黑色，并带有紫绿色金属光泽，中间夹杂着白色丝状羽毛，下体呈蓝黑色，下肋处有一块白斑。到了冬季，鸬鹚下肋处的白斑消失，头颈也无白色丝状羽毛。它们不具备防水油，所以在潜水后羽毛会湿透导致不能飞翔，需要张开翅膀在阳光下晒干后才能展翅高飞。到了繁殖的季节，它们会选择人迹罕至的悬崖、小岛和岸边的树上筑巢，巢穴由枯枝和水草构成，聪明的鸬鹚为了省力有时也会利用旧巢。

鸬鹚的药用价值

鸬鹚的唾液在中医上被称为"鸬鹚涎"，有很高的药用价值，不仅可以补充人体所需的大量营养元素，还能帮助调理体内各种生理功能，具有化痰止咳的功效，经常用于治疗小儿的百日咳。

渔民是如何利用鸬鹚捕鱼的

鸬鹚很聪明，并且有着高超的捕鱼本领。很久以前，我国渔民就驯养鸬鹚为他们捕鱼。渔民让训练有素的鸬鹚整齐地站在船头，并在它们的脖子上戴上一个脖套。当渔民发现鱼时发出信号，鸬鹚就会立刻冲进水里捕鱼，由于鸬鹚脖子上戴了脖套，它们不能将鱼吞进肚子里，只能乖乖地把鱼交到主人的手中，然后继续下水捕鱼。当捕鱼行动结束以后，主人会摘下它们的脖套，奖励它们小鱼吃。这种捕鱼方式听起来残酷，但却很有效。

鸬鹚最大的特点就是它们喙末端的弯钩。

在飞翔时它们会伸直脖颈和脚。

鸬鹚的后脚趾很长。

鸬鹚
- **体长：** 约90厘米
- **食性：** 肉食性
- **分类：** 鹈形目鸬鹚科
- **特征：** 喙的末端有弯钩，喜欢在水边晾晒羽毛

33

鸊鷉

鸊鷉属于水鸟，主要栖息于湖泊、水塘、水渠和沼泽地带，几乎一生都生活在水中。擅长游泳，却不擅长飞行。它们的翅膀很短，飞行能力较弱，受到惊吓时会突然飞离水面，但是飞得很低。鸊鷉很像鸭子，但是要比鸭子肥壮，头部有羽冠。尾巴短小，两只脚位于身体的后方，靠近臀部，四个脚趾都有蹼，适合潜水时在后面摆动。它们的羽毛浓密，能够防水。到了繁殖的季节，雌鸟和雄鸟会一起在水边草丛中用芦苇、杂草或者黏土建造浮巢。

鸊鷉的捕食方式

鸊鷉大多数在白天觅食，捕食时潜入水中。它们能够潜入水中很长时间，在水下不停地追捕自己的猎物。鸊鷉喜欢吃的食物主要有水生昆虫、虾、甲壳动物、软体动物、小鱼和小草等，它们和鸬鹚捕捉的食物一样，所以有时候它们之间会发生争抢。

鸊鷉的羽毛

鸊鷉全身覆盖着浓密的绒羽，松软如丝，抚摸上去就像是一个毛茸茸的葫芦，所以又被叫作"水葫芦"。幼鸟的头部至后颈部有条明显的白色斑纹，成鸟在春末到秋季时，脖子两侧的羽毛颜色为红褐色，身体两侧带有黑褐色羽毛，背部羽毛为黑色，尾部羽毛为白色。在冬季时鸊鷉整体的羽毛颜色会变浅，脖子两侧羽毛呈浅黄色，背部羽毛呈黑褐色，尾部羽毛为白色。

凤头鸊鷉

- **体长：** 约50厘米
- **食性：** 杂食性
- **分类：** 鸊鷉目鸊鷉科
- **特征：** 头部有羽冠，脚趾呈瓣状

34

它们的头部长有
羽冠。

浑身覆盖着浓密
细软的羽毛。

35

大雁

大雁是雁属鸟的统称，属于大型候鸟，是国家二级保护动物。全世界共有 9 种大雁，我国就有 7 种，最常见的有白额雁、鸿雁、豆雁、斑头雁和灰雁等。它们的共同特点是体形比较大，喙基部较高，喙的长度和头部几乎等长。大雁的翅膀又长又尖，有 16～18 枚尾羽，全身的羽毛大多为褐色、灰色或者白色。大

雁是人们熟知的一类需要迁徙的候鸟，它们行动非常有规律，常常在黄昏或者夜晚迁徙，经常可以看到大雁们排着"人"字形或"一"字形队伍从天空中飞过。大雁具有很强的适应性，一般栖息于有水生植物的水边或者沼泽地，属于杂食性，以野草、谷类和虾为食。春天组成一小群活动，在冬天，数百只大雁一起觅食、栖息。

大雁的飞行队伍

在大雁的长途旅行中，队伍都是有组织、有纪律的。它们常常把队伍排成"人"字形或"一"字形，飞行的过程中还不停地发出"嘎嘎"的叫声，像是在喊口号。据说大雁的这种飞行队形更省力，但是目前科学家还不能下定论。科学家发现，大雁的眼睛分布在头的两侧，可以看到前方 128°的范围，这个角度与大雁飞行的极限角度相一致，也就是说，在飞行中，每个大雁都能看到整个雁群，领队鸟也可以看到每一只大雁，这样就能够方便交流和调整。

大雁是空中旅行家

大雁是出色的旅行家，每年都要经历两次长途旅行。它们的飞行速度很快，每小时能飞 68～90 千米，即使这样，每年一次的迁徙都要经过 1～2 个月的时间。从老家西伯利亚地区，成群结队地飞到南方过冬，途中要历经千辛万苦，还要不停地休息和寻找食物，但它们一年又一年地南来北往，就像跟大自然有个秘密约定。

🦢 **大雁**

- **体长**：80~94厘米
- **食性**：杂食性
- **分类**：雁形目鸭科
- **特征**：头顶到后颈暗棕褐色，前颈近白色

大雁的翅膀又长又尖。

37

海鸥

海鸥是一种中等体形的海鸟，体长 38 ～ 44 厘米，体重 300 ～ 500 克。海鸥的羽毛呈黑白灰配色，幼鸟上体的颜色基本为白色，带有淡褐色条纹，尾巴上的覆羽带有褐色斑点，尾部呈灰褐色，下部羽毛像雪一样洁白，羽毛颜色整体上与成鸟并无太大的区别。它们在海边很常见，喜欢成群出现在海面上，以海中的鱼、虾、蟹、贝为食。海鸥属于候鸟，分布于欧洲、亚洲、阿拉斯加及北美洲西部，它们每到冬天迁徙的时候会旅经东北地区向海南岛等地飞行，也会飞往华东和华南地区的内陆湖泊及河流。每年春天海鸥就会集结在内陆湖泊或者海边小岛上，然后开始筑巢、繁殖。虽然海鸥的巢穴分布比较密集，但是它们很好地规划了属于自己的领地，互不侵犯。海鸥的寿命一般为 24 年。

海鸥的中空骨髓

海鸥能够很准确地预测天气，如果海鸥贴近地面飞行，那么预示着将会有一个大晴天；如果它们不停地在岸边转圈徘徊，那说明天气会变得非常糟糕；如果有海鸥成群结队地从大海远处飞向岸边，或者飞到了沙滩上、躲进了岩石缝隙中，那就预示着暴风雨即将来临。为什么海鸥能够预测天气呢？因为海鸥的骨骼是中空的，骨头中间没有骨髓，而是充满了空气，就连翅膀上也是一根根的空心管，这样的骨骼能够随时感受气压的变化，预测天气。

海上航行安全"预报员"

海面广阔无垠，在海上航行，很容易因为不熟悉水域地形而触礁、搁浅，或者因天气突然的变化无法返航而发生海难，这些事情无法预防还会带来严重的后果。后来经过长期实践，海员们发现可以将海鸥作为安全"预报员"。海鸥经常落在浅滩、岩石或者暗礁附近，成群飞舞鸣叫，这能够为过往的船只发出预警，及时改变航线。如果天气出现大雾影响了航线，也可以根据海鸥飞行的方向找到港口，所以说海鸥是海上航行安全"预报员"，也是人类的好朋友。

🕊 **海鸥**

- **体长**：40～46 厘米
- **食性**：肉食性
- **分类**：鸻形目鸥科
- **特征**：头颈躯干为白色，翅膀为灰色

38

海鸥的羽毛是经典的
黑白灰配色。

海鸥的喙尖部会有
一抹黑色。

身体下部的羽
毛就像雪一样
晶莹洁白。

39

贼鸥

贼鸥与海鸥长相类似，但它们要比海鸥粗壮，羽毛呈褐色，带有白色花纹。它们的喙黑得发亮，两只眼睛炯炯有神，像是在谋划着什么。因为它们经常偷盗抢劫，所以被叫作贼鸥，给人留下了不好的印象。贼鸥是到达过南极点的第二种生物。到了冬季，贼鸥会飞向大海，南方的贼鸥会飞往北方，在太平洋地区定期跨越赤道，在北方的贼鸥会飞向热带。它们是唯一一种既在南极又在北极繁殖的鸟。在北方，贼鸥类只在大西洋地区繁殖，羽毛呈锈红色，在南方繁殖的贼鸥羽毛颜色从灰白色到浅红色到深褐色都有。它们每年夏天会产下两枚蛋，孵化期需要 27 天，一般只有一只幼鸟能够存活。在繁殖期它们喜欢栖息于靠近海岸的河流和湖泊地带，在其他时间主要飞行于辽阔的海洋上。

残忍的捕食者

贼鸥在自然界的口碑并不是很好，因为它们经常侵犯其他小动物，连同是海鸟的三趾鸥和燕鸥都不放过。贼鸥捕猎时穷凶极恶的样子，以及它们用尽各种残忍手段的场面令人生畏。贼鸥会在空中迅速地夹紧三趾鸥的翅膀并拖入水中，还没等三趾鸥反抗，贼鸥就开始拔毛吃肉了，不一会儿海面上又恢复了平静，只留下一片片飘落的羽毛和染红的一片海水。

生活在最南端的鸟

生活在南极的贼鸥是目前在地球上纬度最南方发现的鸟，在南极点上都有它们出现的记载。在南半球有南极贼鸥和亚南极贼鸥两种，南极贼鸥体形较小，身长约 53 厘米，有白色羽毛。科学家发现，贼鸥可以成对生活，它们生活在海上，以企鹅蛋、海鸟和磷虾为食。它们会成对地合作，目的只有一个——偷盗食物。

贼鸥

- **体长**：50～58厘米
- **食性**：肉食性
- **分类**：鸻形目贼鸥科
- **特征**：羽毛呈褐色，
  眼睛周围通常
  呈黑色

43

绿头鸭

绿头鸭属于大型鸭，体形与家鸭相似。雌雄异色，雄鸟头部呈绿色，带有金属光泽，胸部呈红褐色，头与胸之间有一圈天然的白色羽毛，像项圈一样将两种颜色分隔开。雌鸟羽毛的颜色就没有雄鸟艳丽了，浑身呈灰褐色，就像是个灰姑娘。绿头鸭主要以野生植物的茎、叶、芽和水藻为食，有时也吃软体动物和水生昆虫，还喜欢在秋收时捡食散落在地上的谷物。

可以控制睡眠

美国生物学家经过研究后发现，绿头鸭可以控制睡眠，它们能够在睡觉的时候，控制大脑一部分保持睡眠状态，另一部分保持清醒状态，这是科学家发现动物可以控制睡眠的首例依据。这种"睁一只眼闭一只眼"的睡觉方式，能够让它们在睡觉时发现危险，及时逃离危险的环境。

翼镜

鸭科的鸟有一种特别的结构可以用来作为种类之间辨识的特征，叫作翼镜，这种结构并不是独立存在的，是由次级飞羽和翼上大羽共同组成的一块特定的颜色区域，而每一种鸭科动物的翼镜组成都不相同，在它们展翅飞翔时很容易分辨出来。绿头鸭的翼镜是带有绿色金属光泽的，在它们游泳或者站立时隐约可见一点裸露的颜色就是翼镜。翼镜不分雌雄，同一种类之间的翼镜是一样的，所以通过观察翼镜的颜色来分辨鸭类动物是很有效的方式。

绿头鸭

- **体长：** 50～65厘米
- **食性：** 杂食性
- **分类：** 雁形目鸭科
- **特征：** 繁殖季节的雄性
  绿头鸭头部有艳
  丽的金属绿色

绿头鸭头部有金
属绿色的羽毛。

喙部呈鲜艳的黄
绿色。

有两对俏皮的
尾羽。

颈部有一圈白色的
颈环，像是戴了珍
珠项链。

45

军舰鸟

军舰鸟分布于全球的热带、亚热带的海滨和岛屿地区，中国只有西沙群岛有这种鸟。军舰鸟四肢短小，几乎无蹼，翼展达两米，善于飞翔。它们喉部有喉囊，可以用来储存捕到的食物。军舰鸟的羽毛没有防水油，不能下海捕食，所以它们经常抢夺其他海鸟口中的食物。因为它们这种掠食性，早期的生物学家给它们取名叫"frigate bird"，在现代英语中，"frigate"是护卫舰的意思，后来就演变成军舰鸟了。

足部短小，几乎没有蹼。

续航力爆棚的军舰鸟

军舰鸟是续航力超强的海鸟，它们每年要花费数月的时间来完成飞越印度洋的迁徙之路。它们会跟随印度洋上空的赤道无风带，利用上升的暖湿气流向上盘旋，一旦到达理想高度，一次滑翔可达64千米之远，这样可以节省大部分体力。军舰鸟每天的飞行距离可达450千米且从不间断，科学家们猜测军舰鸟或许会在飞行的途中睡觉，也有科学家猜测它们可以长时间飞行，无须完全进入睡眠状态。

海上的霸道海鸟

军舰鸟拥有高超的飞行本领，即使它们不下海捕鱼也可以在海面上观察鱼群，当有鱼跃出海面时，它们会迅速俯冲将鱼咬住。军舰鸟常常在空中突袭那些嘴里叼着鱼的其他海鸟，它们会以非常凶猛的气势冲向目标，那些海鸟会被军舰鸟吓得丢下嘴里的食物仓皇而逃，丢下的食物就成了军舰鸟的口中餐。因为它们常常从其他海鸟的口中抢食，所以又被称为"强盗鸟"。

丽色军舰鸟

- **体长**：约100厘米
- **食性**：肉食性
- **分类**：鹈形目军舰鸟科
- **特征**：羽毛为黑色，雄性有一个红色的喉囊

喉部的喉囊可以储存食物。

羽毛是不防水的。

47

鲣鸟

鲣鸟属于热带海鸟，分布于世界各大热带海洋。鲣鸟的体形大小与海鸥类似，嘴又尖又长，擅长捕鱼。尾部呈楔形。是个小短腿，走路时笨拙的样子很是可爱。它们浑身羽毛呈白色，带有部分黑色，头上有黄色光泽。嘴大部分为蓝色，两只蓝色的脚上带有大大的蹼。鲣鸟有极强的飞翔能力，也善于游泳和潜水，还可以在陆地上行走。鲣鸟以鱼类为食，特别喜欢吃鱼，也吃乌贼和甲壳类动物。

它们经常在天气晴朗的时候盘旋在海面上，脖子伸直，脚向后蹬，低着头专注地望向海面，观察海面上鱼群的一举一动，遇到猎物，就会将双翅向身体两侧收紧，以迅猛的姿势一头扎向海里，在海中将猎物捕获，然后迅速地返回到空中。渔民也经常根据它飞行的方向和聚集的地方寻找鱼群，所以也被称为"导航鸟"。

嘴又长又尖，呈蓝色。

脚掌为蓝色，趾间具有发达的蹼。

能装的大嘴

　　鲣鸟的喉部疏松呈袋状，能够吞下体形相对较大的鱼，还可以长期储存。在台风频发的地带，鲣鸟在台风来临时无法到海上觅食，这时就要靠它们大嘴里储存的食物来生存。鲣鸟经常会遭到军舰鸟的侵袭，为了保命它们不得不放弃自己捕捉的食物，所以鲣鸟养成了一个习惯，就是当它们受到惊吓的时候就会将喉部储存的食物吐出来。

求偶方式

　　每一种动物都有它们独特的求偶方式，鲣鸟的求偶方式简单有趣。雄鸟和雌鸟首先会面对面展开双翼，然后不停地摇头晃脑，还用嘴相互摩擦，和大多数鸟一样，有一项仪式被保留了下来，那就是彼此用嘴梳理羽毛。最后它们会一起昂首，用嘴指向天空并发出打鼾的声音。从此就开始了双宿双飞的生活。

 蓝脚鲣鸟

- **体长：** 约80厘米
- **食性：** 肉食性
- **分类：** 鹈形目鲣鸟科
- **特征：** 胸腹部为白色，
  脚掌为蓝色

腹部的羽毛
洁白无瑕。

尾部呈楔形。

49

天鹅

天鹅属于游禽，在生物分类学上是雁族鸭科中的一个属，是鸭科中体形最大的类群，除了非洲外的各大洲均有分布。天鹅是冬候鸟，群居在沼泽、湖泊等地带，主要以水生植物为食，也捕食软体动物及螺类。觅食的时候，头部扎于水下，身体后部浮在水面上，所以只在浅水捕食。

最忠诚的生灵

天鹅多为"一夫一妻"制，是世界上最忠诚的生灵，它们在生活中出双入对，形影不离，若一方死亡，另一方会为之"守节"，终生单独生活或不眠不食直至死去，因此人们以天鹅比喻忠贞不渝的爱情。

生长繁殖

天鹅的寿命是20年左右，也有的长达35年以上。天鹅在3～4岁的时候成熟，这在鸟类中是比较晚的，之后每年繁殖一次。卵的体积很大，最大的卵可重达400克。天鹅是早成鸟，幼鸟孵化不久就可以在父母小心翼翼的保护下下水游泳了。

疣鼻天鹅

- **体长：** 125～155厘米
- **食性：** 杂食性
- **分类：** 雁形目鸭科
- **特征：** 全身为白色，在前额部位有一个疣

全身的羽毛
洁白无瑕。

在疣鼻天鹅的
前额部位长有
一个疣。

脚趾间有发
达的蹼。

51

帝企鹅

在寒冷的南极生存着一群大腹便便的小可爱——帝企鹅。帝企鹅又称"皇帝企鹅"，是企鹅家族中个头最大的。最大的帝企鹅有 120 厘米高，体重可达 50 千克。帝企鹅长得非常漂亮，背后羽毛乌黑光亮，腹部羽毛呈乳白色，耳朵和脖子部位的羽毛呈鲜艳的橘黄色，给黑白色的羽毛一丝彩色的点缀。帝企鹅生活在寒冷的南极，它们有着独特的生理结构。帝企鹅的羽毛分为两层，能够阻隔外界寒冷的空气，也能保持体内的热量不散失。它们的腿部动脉能够按照脚部的温度来调节血液流动，让脚部获得充足的血液，使脚部的温度保持在冻结点之上，所以帝企鹅可以长时间站立在冰上而不会冻住。

没有味道的世界

爱吃鱼的企鹅其实并不知道鱼的鲜美，企鹅们早在 2000 万年前就失去了甜、苦和鲜的味觉，只能感受到酸和咸两种味道。它们的味蕾很不发达，舌头上长满了尖尖的肉刺，这些特征说明它们的舌头不是主要用来品尝味道的，而是用来捕捉猎物的。捉到猎物后一口吞下，似乎并不在意食物的味道。

脚上的摇篮

虽然企鹅世代生存在寒冷的南极，但是企鹅蛋不能直接放在冰面上，这样会冻坏企鹅宝宝。雄企鹅会双脚并拢，用嘴把蛋滚到脚背上，然后用腹部的脂肪层把蛋盖上，就像厚厚的羽绒被一样，为宝宝制造一个温暖的摇篮。成群的雄企鹅就这样背风而立，大约 60 天后企鹅宝宝就会出世。

大海中振翅游泳的冠军

帝企鹅常常需要下海捕鱼，非常擅长游泳，游泳速度每小时 6 ~ 9 千米，它们还可以在短距离达到每小时 19 千米的速度。在捕食时，它们会反复潜入水里，每次最长时间可以维持 15 ~ 20 分钟，最深可以下潜到 565 米的深海。

帝企鹅

- **体长**：100～120厘米
- **食性**：肉食性
- **分类**：企鹅目企鹅科
- **特征**：身材矮壮，耳部有橘黄色的斑纹

帝企鹅的外层羽毛是细长的管状结构。

雄帝企鹅双腿和腹部下方之间有一块可以孵卵的皮肤。

53

信天翁

信天翁是一种大型海鸟，大部分生活在南半球的海洋区域。过去，人们认为它们是上天派来的信使，能够预测天气，所以得名信天翁。信天翁是世界上的大型鸟中最会飞行的，也是翅膀最长的，双翅完全张开后翼展可以达到 3～4 米。它们飞行能力特别强，除了在繁殖后代的时候会回到陆地上之外，其他时间基本上都是在海面上盘旋。

一夫一妻制

信天翁严格地奉行"一夫一妻制"，当两只信天翁决定在一起的时候，它们忠贞的爱情故事也就拉开了序幕。"婚后"的信天翁之间恩爱有加，彼此照顾，相伴而行。它们一起搭建自己的家，一起哺育后代，不离不弃，白头到老。如果其中的一只信天翁死去，另一只不会再找其他的伴侣，只会孤零零地度过余生。所以信天翁也是忠贞爱情的象征。

航海者的伙伴

在所有的鸟当中，能以威严的外表得到人们尊重的恐怕也只有信天翁了。航海者在广阔的海面上航行数月，信天翁早已成为他们亲密的伙伴。

滑翔能手

海面上的滑翔能手非信天翁莫属了，它们可是鸟类中名副其实的滑翔冠军。信天翁的翅膀狭长，头却很小，这样的身体结构便于在海面上滑翔。滑翔机就是根据信天翁的这一身体结构发明的。聪明的信天翁会很巧妙地运用气流的变化掌控滑翔的速度和方向，而且在滑翔时，它们的翅膀可以几个小时不扇动，丝毫不会受到海面上狂风和巨浪的影响，无论多么恶劣的天气，它们依然能够怡然自得地滑翔。

喙呈肉色。

信天翁

- **体长**：最大约370厘米
- **食性**：肉食性
- **分类**：鹱形目信天翁科
- **特征**：翅膀极长

即刻扫码

- 探访飞鸟王国
- 解密鸟类档案
- 追寻空中旅客
- 动物常识测试

55

白鹭

　　白鹭属于鹭科白鹭属，是中型涉禽，喜欢生活在沼泽、稻田、湖泊和河滩，分布于非洲、欧洲、亚洲及大洋洲。白鹭体形纤瘦，浑身羽毛洁白，头部有两条羽冠，像两个小辫子，喙部尖长，以各种鱼、虾和水生昆虫为食。它们会一大群出洞，然后各自捕食、进食，互不打扰，有时会成群飞越沿海浅水追寻猎物，晚上回来时会排成整齐的"V"形队伍。每年的 5 ～ 7 月是白鹭的繁殖期，它们和大部分种类的鹭一样，都是通过炫耀自己的羽毛来进行求偶。它们喜欢成群地在海边的树杈上筑巢，巢穴构造简单，是由枯草茎和草叶构成的，呈碟形，离地面较近，最高的也不超过一米。它们的卵呈淡蓝色，椭圆形，每窝产卵 2 ～ 4 枚，孵化期为 24 ～ 26 天，由雌鸟和雄鸟共同孵化、育雏。

白鹭的美

　　白鹭是一种非常美丽的水鸟，早在古代就有诗句"两个黄鹂鸣翠柳，一行白鹭上青天"来赞美白鹭的优雅与美丽，让后人不禁想象"一行白鹭"的诗情画意。白鹭身体修长，有细长的脖子和腿，全身羽毛洁白无瑕，就像一个白雪公主，在许多经典国画中经常能看到白鹭展开翅膀、直冲云霄的美丽画面。

优美的捕食姿势

　　白鹭喜欢捕食浅水中的小鱼。每次捕鱼时，它们都会走进浅水区，然后把脖子折起来，再将身体的重心放低，身体前倾，保持这个动作等待时机，这是白鹭标准的捕鱼动作。有时候白鹭刚刚准备好还没有下去捕鱼就错失了良机，这时就要放松身体，在水边散散步，换个风水宝地继续等待时机。白鹭捕鱼是个漫长的过程，几次尝试中总会有一次捕到鱼的。

🕊 白鹭

- **体长**：约56厘米
- **食性**：肉食性
- **分类**：鹳形目鹭科
- **特征**：全身羽毛为白色，在繁殖期头后面有两根长长的羽毛

头后面有两根长
长的羽毛。

白鹭纤细的腿部及脚
部是黑色的。

57

鹬

鹬的种类繁多，共有218种，中国就有77种。它们常年生活在水边、沼泽地、沙洲和沙滩等地，属于涉禽，不能游泳，但是具有较强的飞行能力，以土壤中的小型无脊椎动物为食。鹬的羽毛呈灰褐色，头呈圆形，嘴的形状不同、长短不一，大多数细而长，尾巴短，有12枚尾羽。腿很长，脚很大，脚的趾间带有蹼，能够在湿地上行走，有些种类有四趾，站立时后趾不着地。鹬为一妻多夫制，雌鸟的羽毛比雄鸟的羽毛要鲜艳亮丽，在繁殖期，雌鸟会不断地发出叫声，声音婉转悠扬。为了吸引雄鸟，雌鸟会在发出声音后平展双翅，并快速摆动，然后单脚跳跃，这一系列动作就像跳舞一样。

勺嘴鹬

有一种长相很萌的鹬名叫勺嘴鹬，它们的嘴巴尖部像是被东西砸扁了，呈勺子状，非常有趣。勺嘴鹬属于小型涉禽，最大的成鸟也只有16厘米。它们身上的羽毛为白色，带有灰褐色的花纹，但是到了繁殖的季节它们就会换上新衣，用一身红褐色的羽毛迎接自己的另一半。不幸的是，这种可爱的小动物正濒临灭绝，人们也正在尽最大的努力不让这可爱的物种在我们面前消失。

生活在沙滩上的鹬

鹬属于涉禽，常年的浅海和岸边生活，使它们生长出越来越适应岸边的特征：嘴长、脖子长、腿长。只适合在岸边行走，不适合游泳。它们腿的长度与需要涉水的深度有关，鹬的趾间有蹼，但是只在趾间基部，被称为半蹼或微蹼，用来增加与地面的接触面积，帮助它们在湿地上站稳脚跟。它们休息的时候常常用一只脚站立。

小黄脚鹬

- **体长：** 约25厘米
- **食性：** 肉食性
- **分类：** 鹬形目丘鹬科
- **特征：** 腹部为白色，腿呈黄色，有尖尖的嘴巴

它们的头都圆滚滚的。

鹬的羽毛是灰褐色的，色彩并不艳丽。

59

鲸头鹳

在非洲这片神秘的土地上生存着各种神奇的生物，鲸头鹳这种长相奇特的大鸟就生活在这片土地上。它们长相像鹳科动物，身材高大，头部巨大，翼展可达 2.6 米，浑身羽毛呈灰色，幼鸟的羽毛主要为棕色，头后方有短羽冠，雌雄同色。它们生活在沼泽地中，白天隐藏在草丛或芦苇中，到了黄昏才出来，在水中捕食鱼、青蛙、蜗牛、水蛇等动物。鲸头鹳生性孤僻，经常单独或成对生活。繁殖期在雨季。雌鸟和雄鸟会在湿地周围的芦苇丛中用树枝筑巢，雌鸟每次产蛋 1 ~ 2 枚，雌鸟和雄鸟共同孵蛋，孵化期为一个月，每次只有一只雏鸟能够存活。鲸头鹳做父母非常称职，它们会共同哺育小雏鸟，并陪伴它长大，它们的平均寿命通常为 36 年。

鲸头鹳有两条灰色的大长腿

善良的鲸头鹳

曾有一名业余摄影爱好者，在野外摄影时，偶然拍到了一只鲸头鹳叼起拦路的野鸭，并将野鸭放在一边的画面。野鸭无意中拦住了鲸头鹳的去路，吓得直拍翅膀。站在如此庞然大物面前，野鸭手足无措，浑身颤抖。但是有趣的是，鲸头鹳没有将野鸭吃掉，而是小心翼翼地将它叼起来放在了一边，可见鲸头鹳虽然长相丑陋，但是内心是善良的。

像鞋一样的喙

鲸头鹳的喙长得奇特，像一只鞋，尤其像荷兰人的木鞋，因此人们都称它们为"鞋之父"。它们的喙尖端锋利，周边也像刀一样，可以穿透鳄鱼厚厚的皮肤，是捕鱼的利器。它们的喙很大，经常生吞鱼类。鲸头鹳的喙不仅能用来捕鱼，还有更多用途。幼鸟不耐热，最讨厌炎热的气候。这时成鸟的大"鞋"就派上了用场，成鸟会用自己的喙装满湖水，然后喷向幼鸟，幼鸟就站在下面舒舒服服地洗澡。

鲸头鹳

·**体长**：约150厘米
·**食性**：肉食性
·**分类**：鹳形目鲸头鹳科
·**特征**：有一个巨大的、
　　　　鞋子状的喙

鲸头鹳的巨大
喙部。

鲸头鹳的全身羽毛呈
石板灰色。

61

白鹳

白鹳又叫"欧洲白鹳""西方白鹳"，属于长途迁徙鸟，分布于欧洲、非洲西北部、亚洲西南部和非洲南部。白鹳身高 100 ～ 125 厘米，体重 2.3 ～ 4.5 千克，翼展最大为 2 米，可滑翔。它们的羽毛主要为白色，翅膀处带有黑色羽毛，黑色羽毛上带有绿色或紫色光泽，成鸟的腿为鲜红色。白鹳为肉食动物，喜欢在有低矮植被的浅水区寻找一些鱼、昆虫、小型哺乳动物和鸟，觅食时步伐矫健，边走边啄食，走累了就会把脖子缩成"S"形，单腿站立在沙滩或草地上休息。它们性情温顺，很少鸣叫，属于一种安静的鸟。

白鹳
- **体长**：100～130厘米
- **食性**：肉食性
- **分类**：鹳形目鹳科
- **特征**：喙和腿为红色，全身羽毛为白色，翅膀上有黑色的飞羽

"送子鸟"

白鹳是欧洲的"送子鸟"。据说白鹳落在谁家屋顶建巢，这家必会喜得贵子并且幸福美满。所以欧洲的人们会在自己家的烟囱上搭一个平台，那是专门为白鹳准备的。被白鹳筑巢的家庭真的会很快生下孩子，千百年来都遵循着这一规律。而科学的解释是，因为家里有人受孕，烧火取暖的时间就会比一般的家庭长，白鹳喜欢在这样温暖的房顶安家，久而久之，这也成了一种习俗。

白鹳迁徙的特点

白鹳是需要迁徙的候鸟，每年的 9 月末到 10 月初白鹳会成群结队地离开繁殖地飞往南方过冬。迁徙的途中一般会选择开阔的草原和芦苇沼泽地带休息，有时候会休息 40 天以上。飞行时为了省力，它们会选择在上午十点到下午三点的时候，利用上升的热气流进行滑翔。迁徙的路线大多沿着平原、河岸和海岸线的上空。令人惊讶的是它们并没有规划好的路线，却从来都不会迷路。

白鹳美丽的飞羽
能带它们飞到更
高更远的地方

深红色的喙又长又粗壮，
是捕食的利器。

红色的腿又
细又长。

63

朱鹮

朱鹮是国家一级保护动物，被誉为"东方宝石"。它们全身白色，头部、羽冠、背、双翅和尾部均有粉红色羽毛，初级飞羽的粉红色较重，飞翔时清晰可见。它的整个面部都没有羽毛，并且呈现鲜艳的红色，喙呈黑色，尖端有一点儿红色，脚也呈红色。朱鹮喜欢生活在有湿地、沼泽和水田的地方，在高大的乔木上做窝。它们性格孤僻，属于安静的鸟，除了起飞时鸣叫以外，其他时间一般不叫。朱鹮飞行时翅膀摆动很慢，白天出门觅食，晚上回到树上休息，常常在浅水处或者水田中觅食，主要吃一些鱼、虾、蚯蚓、昆虫等。它们属于候鸟，到了秋季就要飞到中国黄河以南至长江下游过冬，每年春天再回到家乡繁殖。雌鸟和雄鸟共同孵化1个月，小雏鸟就出世了，雏鸟和父母一起生活7个月以后就可以离开了。朱鹮寿命最长的可达37年。

吉祥之鸟

在中国古代，人们认为朱鹮能够给人们带来吉祥，所以把朱鹮和喜鹊作为吉祥如意的象征，认为它们是吉祥之鸟。

朱鹮的价值

朱鹮鸟非常美丽，具有较高的保护价值和观赏利用价值。朱鹮神态优雅、体态端庄，自古以来就是文学作品中不可缺少的题材。它们的形象还曾出现在中国的邮票和纪念币上。朱鹮除了美学价值和生物学价值以外，其还具有较高的生态价值，它们对于自然生态平衡有着十分重要的作用，处于食物链顶端，对于控制猎物种群起到了极其重要的作用。

朱鹮

- **体长：** 70～80厘米
- **食性：** 肉食性
- **分类：** 鹳形目鹮科
- **特征：** 全身羽毛为白色略带粉红色，面部没有羽毛，呈红色

细长的喙向下弯曲。

朱鹮的脚呈红色。

65

丹顶鹤

丹顶鹤属于一种大型涉禽，体长 120 ~ 150 厘米，脖子和脚很长，头顶有红冠，大部分羽毛为白色。栖息于开阔平原、沼泽、湖泊、草地、海边、河岸，有时也出现在农田中。它们主要吃鱼、虾、水生昆虫、软体动物，有时也吃一些水生植物。丹顶鹤的鸣管有一米长，末端呈卷曲状，盘曲在胸前，由于它们特殊的发音器官，使丹顶鹤的叫声高亢、洪亮，声音能传出五千米。丹顶鹤的骨骼外部坚硬，内部中空，骨骼的坚硬程度是人类骨骼的 7 倍。每年迁徙的时候，它们会集结成大批队伍，排列成楔形，这样的队形可以让后面的丹顶鹤利用前面的气流，使飞行更加省力、持久。到了春天它们又会飞回到东北地区开始繁殖后代。

《丹顶鹤的故事》

《丹顶鹤的故事》是由谢承强谱写的一首歌曲，诉说着一个有关丹顶鹤的真实故事。徐秀娟出身于驯鹤世家，毕业后来到盐城自然保护区担任驯鹤员，创建了江苏省第一家鹤类饲养场。她爱鹤如命，为了拯救丹顶鹤不幸溺水身亡，将年轻的生命奉献给了自己热爱的事业。

鹤舞

当丹顶鹤求偶成功后，就会彼此对鸣，然后跳舞。它们昂首挺胸，时而屈膝弯腰，时而跳跃空中，舞姿优美，有时还会把石子抛向空中。丹顶鹤的舞蹈中大多数的动作都带有目的性，比如它们会用鞠躬表示友好和爱情，会用弯腰展翅表示怡然自得，会用亮翅表示愉快的心情。

丹顶鹤

- **体长：** 120~150厘米
- **食性：** 肉食性
- **分类：** 鹤形目鹤科
- **特征：** 头顶部有一块裸露的红色皮肤

66

丹顶鹤的骨骼非常坚硬。

在丹顶鹤的头顶有一块红色的皮肤。

丹顶鹤的腿又长又细。

琵鹭

琵鹭属于长腿涉禽，是荷兰的国鸟。体长 60～95 厘米，浑身羽毛洁白无瑕，嘴巴前端扁平形似琵琶。它们生活在开阔平原和山地地区的河流、湖泊、水库岸边等浅水区，主要以鱼、虾、蟹、水生昆虫、甲壳类、软体类等小型脊椎动物和无脊椎动物为食，极少数情况下也会吃植物。琵鹭很少单独行动，常常在水边呈"一"字形排开。它们非常机警，受到惊吓后会迅速飞走。飞行时可以依靠上升气流滑翔，琵鹭双翅的鼓动速度很快，每分钟可达 186 次。

独特的觅食方式

琵鹭主要在黄昏和早晨觅食，它们一般会结群，偶尔会单独出洞。它们会找水深不超过 30 厘米的浅水处或河流入海口地带捕食。觅食时不是通过眼睛来寻找猎物，而是一边走动一边张嘴在水中搅动，就像一把锅铲在水中搅出旋涡，当嘴巴碰到猎物时，就迅速将它们吸入口中。

被误认为是红鹤的玫瑰色琵鹭

在美国的佛罗里达海湾，每到冬季来临就会出现一种玫瑰色的鸟，它们的羽毛鲜艳华丽，还长着长长的嘴。最早人们误以为它们就是红鹤。后来经过科学家鉴定，这并不是红鹤，是有着玫瑰色羽毛的琵鹭。它们是一种温带涉水鸟。由于玫瑰色的羽毛稀少且美丽，在用羽毛做装饰的狩猎时期，人们为了得到它们的羽毛而疯狂狩猎，差一些让这么美丽的生物惨遭灭绝。令人欣慰的是，如今它们的数量已经趋于稳定。

黑脸琵鹭的
脸部是纯黑
色的

黑脸琵鹭

- **体长：** 60～95厘米
- **食性：** 肉食性
- **分类：** 鹳形目朱鹭科
- **特征：** 面部为黑色，
  嘴巴末端扁平
  像一个汤匙

69

冠鹤

冠鹤分布于神秘的非洲大陆的撒哈拉沙漠以南地区，喜欢生活在沼泽地带，属于杂食性动物，以鱼、昆虫、蛙等小型水生动物和各种鲜嫩植物为食。冠鹤有个大额头，额头上长着乌黑浓密的绒羽，头后方还长有黄色的丝绒羽冠，羽冠呈放射状向四周扩散，就像顶着一个大毛球，非常可爱。冠鹤害怕孤单，喜欢群居生活，经常几十只甚至几百只一起出现在沼泽边，它们喜欢在白天出来活动，还会飞到居民的院子里觅食、嬉戏。它们活泼好动，从清晨开始就不停地觅食，只在中午有短暂的停歇。

唯一一种在树上建巢的鹤科鸟

你能想象到鹤可以上树吗？灰冠鹤和它的近亲黑冠鹤天生就很特别，它们都是可以栖息在树上的，其他鹤的后趾位高且短小，只有它们的脚趾可以抓握树枝。因此，它们既可以睡在湿地里，也可以停栖在树上，创造出所谓的"独特技能"。冠鹤在配对结束以后，就开始在树上建造巢穴，雌鹤和雄鹤夫妻协力，共同建造家园，巢穴是用芦苇和干草编成的。所以说，冠鹤是鹤科动物中唯一一种在树上建巢的鸟。

鹤科中的歌舞明星

冠鹤能歌善舞，是鹤中的歌舞明星，常常在每天的清晨和傍晚集体展翅高歌。有时成双成对地跳舞，有时围成一个大圈跳集体舞。冠鹤是很有礼貌的，跳舞之前它们总是文雅地相互鞠躬，然后微微张开双翅，轻挪步伐，不断伸展着自己的长颈，就像在举行一场盛大的仪式，动作轻盈优雅且多变。

🕊 **冠鹤**

- **体长：** 约100～110厘米
- **食性：** 肉食性
- **分类：** 鹤形目鹤科
- **特征：** 头部有金黄色的羽冠

冠鹤的额部向前突出，长着乌黑色的绒羽。

冠鹤头部长着金黄色的羽冠。

黑色的喙又粗又直。

71

火烈鸟

火烈鸟这种古老的鸟，早在 3000 万年前就已经分化出来。火烈鸟属于红鹳科，体形大小与鹤相似。它们腿长，脖子长，细长的脖子能弯曲呈"S"形，喙短而厚，中间部分向下弯曲，下喙呈槽状。捕食时，将头伸进水里，需要将喙倒转，才能将食物吸进喙里。它们主要栖息于温热带盐水湖泊、沼泽等浅水地带，吃一些小虾、蛤蜊、昆虫和藻类。火烈鸟喜欢结群生活，鸟群数量巨大。就连繁殖时期求偶都是成群结队地去，但是它们可是一夫一妻制的。浪漫的火烈鸟巢穴当然也不会很差，个个都是海景房，要么筑成水中的"小岛"，要么三面环水，巢穴由泥巴混合着草茎的纤维物质构成，不仅好看还很耐用。

像火焰一样的羽毛

火烈鸟的羽毛是红色的，翅膀基部的羽毛更加光鲜亮丽，从远处看去就像燃烧的火焰，因此叫作火烈鸟。它这一身红色独特又美丽，但这红色羽毛并不是它们原本的色彩，而是因为火烈鸟通过食用小虾、小鱼和浮游生物获得虾青素，从而使原本洁白的羽毛变成了火红色。

火烈鸟的寓意

火烈鸟披着粉红色羽毛，高雅地站在水中，给人以不食人间烟火、清新脱俗的形象。它们象征着爱情、自由、潇洒。

火烈鸟的故事

相传，在楼兰古国有一种奇特的鸟，等到它们浑身的羽毛丰满后就会一直往南飞，一直飞到南焰山，在南焰山用天火将自己的羽毛点燃，然后再飞回来，将火种带回楼兰古国，最后在天翼山化为灰烬。所以它们被楼兰的人民称为火烈鸟。

火烈鸟羽毛是洁
白泛红的颜色。

特别之处是,
上喙小于下喙。

火烈鸟脖子细长。

腿细长,睡觉时常常抬一
只腿,把头埋进翅膀里。

🦩 火烈鸟

- **体长**：120~140厘米
- **食性**：杂食性
- **分类**：鹳形目红鹳科
- **特征**：全身为粉红色,
  有弯曲的喙

75

反嘴鹬

反嘴鹬是一种涉水鸟，体长 40 ~ 45 厘米。它的前额、头顶、枕和颈上部都长有乌黑色羽毛，其他地方为白色，有些反嘴鹬的身上点缀着灰色或褐色花纹，非常漂亮。它们喜欢单独觅食，在水边边走边捕捉食物，或者边游泳边捕捉食物。主要以小型甲壳类、水生昆虫、昆虫幼虫和软体动物为食。每年的 5 ~ 7 月是它们繁殖的季节，它们会成群筑巢、繁殖，每个巢穴间隔 1 米左右。

它们会把巢穴建在海边的凹坑里。每窝产 4 枚黄褐色的卵，雌鸟和雄鸟轮流孵卵，孵卵时如果遇到外敌入侵，聪明的反嘴鹬就会用调虎离山之术，飞到空中将入侵者引开。反嘴鹬大多生活在平原和半荒漠地区的湖泊和沼泽地带，有时也生活在海边水塘和盐碱沼泽地，你也会在水稻田和鱼塘看见它们，那时候它们一定是在迁徙的途中。

反嘴鹬的嘴

反嘴鹬嘴部上扬好像一把镰刀，可以用来捕食水中的昆虫、小鱼、贝类和两栖动物。捕食时它将嘴伸进水中或稀泥里面，通过左右扫动的动作来觅食。这一觅食方式看似与白垩纪时期的南翼龙的嘴有着异曲同工之妙，南翼龙的嘴也是向上弯曲的，嘴中有数以千计的细小牙齿，捕食时也需要在水中扫动，用牙齿来过滤食物。

迁徙的候鸟

反嘴鹬属于候鸟，每年都会飞往南方过冬。到了迁徙的季节，它们就会聚集在一起，数量高达几万只，一起南飞，分布在国内的反嘴鹬会飞往西藏南部和广东、福建、香港等南部沿海省区过冬，分布在国外的反嘴鹬会飞往里海南部、非洲、印度和缅甸等南亚和东南亚地区过冬。那可是一段相当漫长的迁徙旅途哦。

身体的颜色主要
是黑色和白色。

嘴巴向上弯曲，所
以被叫作"反嘴"。

🦅 **反嘴鹬**

- **体长：** 40～45厘米
- **食性：** 肉食性
- **分类：** 鸻形目反嘴鹬科
- **特征：** 嘴向上弯曲

77

隼

隼是一种中小型鸟，是肉食动物，它们捕食大型昆虫、鸟和小型哺乳动物，在它们的栖息地处于食物链顶端。隼的视力很好，飞翔能力极强，能够逆风飞翔，会在高大的树上或者悬崖上筑巢。大型隼每窝产蛋1～2枚，孵化期要45天；小型隼每窝产蛋3～5枚，只需要孵化30天。大型隼出壳后需2个月会飞，小型隼只需要1个月就可以飞。雌鸟孵卵，雌雄一起哺育后代，雏鸟们生长得很快，有些刚会飞的雏鸟体形要比成鸟还大。隼形目鸟被很多人认为具有优秀的品格，一些国家把它们确定为国鸟。在我国，隼是国家重点保护动物。

翅膀尖长，有利于俯冲。

红隼

红隼是隼科中的小型猛禽，喙较短，翅膀长而且尖，扇翅的速度非常快。它们广泛分布于非洲、印度和中国等地，是比利时的国鸟。红隼常年栖息于山地和旷野中，捕食大型昆虫、小型鸟、青蛙、蜥蜴以及小型哺乳动物。它们捕食时有翱翔的习惯，因此在隼科界赫赫有名。红隼一部分为留鸟，一部分为候鸟，到了冬季它们会迁徙到菲律宾等东南亚地区。

鹰和隼的区别

鹰的种类有很多，体形大小也会相差悬殊，而隼的体形与鸽子差不多大。隼的眼睛很大，头顶比较平，脸上有黑色斑纹，这些特点都是鹰不具备的。鹰的翅膀较宽，喜欢在空中盘旋寻找猎物，隼的翅膀尖长，适合冲刺，捕猎时总是闪电般快速飞行。鹰捕食时喜欢用爪子攻击猎物，隼则用喙撕裂猎物，所以在隼的喙上有齿状缺口，而大部分的鹰没有。

游隼

游隼属于中型猛禽，体长40～48厘米，背部、肩部、翅膀呈蓝灰色带有褐色斑纹，下体呈白色带有黑褐色横斑，栖息于山地、丘陵、半荒漠、沼泽与沿岸地带，以野鸭、鸥、鸡类和中小型哺乳动物为食。游隼飞行的速度并不快，但它们俯冲的速度却是鸟类中最快的，速度可达389千米/时。游隼的叫声尖锐，声音略微沙哑，是阿拉伯联合酋长国和安哥拉的国鸟。

隼的头顶比较平，
眼睛很大，面部
有斑纹。

视力极好。

🦅 **红隼**

- **体长：** 32～39厘米
- **食性：** 肉食性
- **分类：** 隼形目隼科
- **特征：** 雄性呈茶色或红
  色，雌性身上有
  细密的纹路

白头海雕

白头海雕又叫"美洲雕"，是美国的国鸟，代表着力量、勇气、自由和不朽。美国国徽的图案就是一只胸前带有盾形图案的白头海雕。白头海雕的翼展可达220厘米，力量非凡，具有锋利的喙部和钩爪，目光敏锐，是海上比较凶猛的大型猛禽。白头海雕脚趾上弯曲的爪是它们最厉害的武器，在捕捉猎物时，它们会将自己锋利的爪深深地插入猎物的身体中，专刺要害，然后牢牢地抓住猎物，让猎物无法逃脱。白头海雕是翱翔在海上的飞行健将。与其他鸟不同的是，其他鸟在开始孵化的时候会停止产卵，而白头海雕不会停止产卵，导致雏鸟出壳时间会相差好几天。这也就引发了雏鸟自相残杀的战争，先出壳的雏鸟如果没有食物，就会将后出壳的雏鸟当食物吃掉。

白头海雕

- **体长**：70～90厘米
- **食性**：肉食性
- **分类**：隼形目鹰科
- **特征**：羽毛呈黑色，头部为白色，看上去很威武

白头海雕的繁殖

白头海雕很专一，它们属于终生配偶制度。每年到了11月份雌鸟就会产卵，有些鸟产卵的时间相差几个月的时间。雌鸟每年会产下2个卵，孵化期为35天，奇特的是第一只小海雕和第二只小海雕出壳的时间可以相差好几天，小海雕孵出以后，雌鸟和雄鸟会共同抚育它们，会捕捉小鱼撕成碎片喂给小海雕，小海雕会在父母的细心照料下慢慢长大。

白头海雕的巢穴

每到繁殖的季节，白头海雕们最重要的一件大事，就是建造它们的家，聪明的白头海雕会选择食物比较丰富的地区。它们不畏艰难，将建巢的地点选在悬崖峭壁上，或者在参天大树的树梢上。它们通常会用树枝建造巢穴，为了让巢穴更加舒适，它们会铺一些鸟的羽毛。白头海雕也有修补旧巢的习惯，它们会让自己的巢穴变得越来越大，越来越重。

白头海雕的头部、
脖颈部和尾部的羽
毛是白色的。

白头海雕的喙
部是淡黄色的，
呈钩状。

白头海雕的爪子
三趾在前，一趾
在后，弯曲有力。

81

角雕

它们的名字中带有一个雕，但它们却不是真正的雕，它们是新热带界中的一种鹰，后来被编入独立的角雕属中。角雕是生活在中南美洲热带雨林中的大型猛禽之一。它们的形象雄壮而美丽，披着一身灰黑色的羽毛，下身呈白色，头部为灰色，头的后方有两簇灰黑色的羽冠，这为它们增添了一抹神秘的气息，也是它们名字的由来。它们的翅膀短而宽阔，所以不能长距离飞行。角雕是肉食动物，它们巨大的爪子非常适合捕食栖息于树上的哺乳动物。角雕的领地性很强，一对成年的角雕会占据 20 平方千米的森林。如此威风的角雕是巴拿马的国鸟，它们的形象还出现在巴拿马的国徽中。

艰难的哺育之路

雌雄角雕的身材相差巨大，雌性角雕有 7.5 千克，雄性角雕只有 4.5 千克，这样的差距使雄性只能选择较小的猎物。它们的繁殖能力低下，一对角雕每隔 2 ~ 3 年才会繁殖一次，每窝产 2 枚卵，但是只有一枚卵能够成活。它们的孵化期长达 56 天，育雏期也是长得惊人，幼鸟要在巢穴中生活 5 ~ 6 个月后才会离开，但离巢之后亲鸟还会继续喂养 8 ~ 10 个月，幼鸟至少需要 5 年才能长到和成鸟一样。

雨林中的顶级捕食者

角雕能够作为顶级的捕食者，一定有它们独特的捕食利器。没错，角雕的捕食利器就是它们尺寸巨大的脚爪。它们的小粗腿粗壮的程度可以与人类相比，其后爪的长度可达 6 厘米，这样的长度只有冠鹰雕可以与它们相比。角雕有着敏锐的视觉，经常站在树冠顶层，向下扫视，一旦发现猎物就会迅速地飞越茂密的树冠层俯冲下来，用巨大的爪子将猎物抓走。

头后方有冠状羽毛，
因此被叫作角雕。

角雕的体形巨大，
身高几乎是人类身
高的一半。

爪子巨大，
抓力超强。

🕊 角雕

· 体长：约108厘米
· 食性：肉食性
· 分类：鹰形目鹰科
· 特征：头部有一个冠，
　　　　是中南美洲最大
　　　　的猛禽

金雕

　　金雕属于大型猛禽，成鸟翼展可达 2 米，体长足足有 1 米，浑身覆盖着褐色的羽毛。它们生活在草原、荒漠、河谷，特别是高山针叶林中，也常常盘旋在海拔 4000 米以上的悬崖峭壁之间，偶尔会去空旷地区的高大树木上停歇。它们的巢穴通常建造在高大乔木之上，有时也建在悬崖峭壁上。高冷的金雕喜欢独自出行，只有在冬天它们才会聚集在一起。它们善于用滑翔的姿势捕食猎物，两翅向上呈"V"状，用两翼和尾巴来调节方向、速度和高度，看到猎物以后，会以每小时 300 千米的速度滑翔下来，将猎物紧紧抓住。金雕的食物种类很丰盛，如雁鸭、雉鸡、松鼠、狍子、鹿、山羊、狐狸、旱獭、野兔等。在古代，游牧民族曾经有驯养金雕狩猎和看护羊圈的习俗。

金雕的繁殖方式

　　金雕的繁殖时间因地而异，在北京，2 月份就有金雕在天空盘旋追逐求偶，到了 2 月中旬就能产卵；在俄罗斯，要 4 月份才开始产卵；在东北地区，繁殖期一般为 3 ~ 5 月。每窝平均产卵 2 枚，卵为白色或青灰白色，上面带有褐色斑点。雌鸟和雄鸟轮流孵卵，孵化期一般为 45 天。金雕的幼鸟晚熟，一般要 3 个月以后才开始生长羽毛，存活率也不是很高。幼鸟出壳后，雌鸟和雄鸟再哺育 80 天即可离巢。

金雕狩猎

　　在中国、哈萨克斯坦、蒙古国以及俄罗斯的部分地区都有过利用金雕狩猎的习俗。金雕除了能看护羊圈、驱赶狼的偷袭，还能够捕捉猎物。金雕给当地人带去很多好处，但是频繁为人类工作也损伤了它们的身体，使它们的寿命大幅度地缩短，人们饲养的金雕寿命要比野生金雕的寿命短很多。

金雕

- **体长**：约 100 厘米，翼展可达 200 厘米
- **食性**：肉食性
- **分类**：隼形目鹰科
- **特征**：翅膀宽大，头顶的羽毛为金褐色

喙部呈弯钩
状，很锋利。

爪子尖而有力，能将
猎物牢牢地抓住。

85

雕鸮

雕鸮属于鸮形目鸱鸮科,是世界上体形最大的鸮形目鸟之一。它们全身呈棕褐色,带有黑褐色斑纹,能看出明显的耳羽簇,两个翅膀宽大,喙部和爪子都是灰黑色的。它们通常远离人群,在人迹罕至的偏僻之地活动。雕鸮经常在夜间出没,有敏锐的听力,稍有声响就会察觉,如果发现危险情况就会立刻飞走,通常近地面飞行,飞行时缓慢无声。鼠类是它们最主要的食物,因此它们拥有高超的捕鼠技能,被誉为"捕鼠专家"。除了鼠类,雕鸮也吃兔子、蛙、刺猬、昆虫和其他鸟,甚至是苍鹰、雀鹰、隼等。

警惕性极高

雕鸮具有极高的警惕性。如果它们认为自己受到了威胁,就会蓬起全身的羽毛,然后张开巨大的翅膀,低下头,让自己的身材显得更加的高大威猛,并且不断地发出呼呼的低沉叫声。这叫声听起来很恐怖,它们可以通过这样的方式吓跑敌人。如果它们发现是人类来了,就会直接飞走。

"蹭饭"的雕鸮

雕鸮主要以一些小型哺乳动物为食,比如野兔和鸟。雕鸮不但体形大,食量也非常大,到了食物缺乏的冬季,它们有时会进村庄,捕食人们饲养的家鸡,吃掉了家鸡也不满足,狡猾的雕鸮还要躲在鸡笼里继续"蹭饭",不过最终还是摆脱不了被抓的命运。

雕鸮

- **体长：** 约75厘米
- **食性：** 肉食性
- **分类：** 鸮形目鸱鸮科
- **特征：** 有两簇很长的耳羽，是最大的猫头鹰

耳羽明显。

雕鸮的体形巨大，通体覆盖棕褐色羽毛。

尾巴较短，呈圆弧状。

雕鸮的爪较大且锋利，通常被羽毛覆盖。

雪鸮

北美洲的冬季，广袤的北温带草原和稀疏的丛林，被皑皑白雪所覆盖，世界一片宁静，雪鸮就生活在这片宁静的土地上。它们是鸱鸮科的一种大型猫头鹰，头圆而小，喙基部长有须状的羽毛，几乎将喙部全部遮住。它们主要以鼠、鸟、昆虫为食，几乎只在白天出来活动。北极的夏季有极昼现象，冬季有极夜现象，因此到了冬天它们就要飞往南方。雪鸮几乎没有天敌，而且是个捕猎能手，它们的眼球不够灵活，但是头部可以转动270°，将狩猎范围尽收眼底。雪鸮的视觉非常灵敏，它们的眼睛含有大量的聚光细胞，可以观察远处极小的物体；它们的听觉也很灵敏，即使在草丛或者厚厚的冰雪下，也可以单凭听觉捕捉到猎物。雪鸮在苔原生态系统中有着重要的地位。

带斑点的羽毛

雪鸮最大的特点就是一身白色的羽毛，但它们那一身羽毛并不是洁白无瑕，而是带有黑色斑点。这种带斑点的羽毛是它们在自然环境中的一种伪装，雏鸟的身上分布着非常密集的黑色斑点，随着年龄的增长，斑点会逐渐退去，成年雌性雪鸮的斑纹退去得不明显，而雄性雪鸮退斑明显，会蜕变成雪白色的身体。

雪鸮并不适合作为宠物饲养

雪鸮在荧幕上的形象深入人心，因此许多人都想养一只可爱的雪鸮，但是真实的雪鸮并不是看起来那么可爱。雪鸮的身体强壮，攻击性十分强烈，而且食量巨大，还有呕吐腥臭食物的特性，让许多饲养者退避三舍。所以雪鸮并不适合被当作宠物饲养，一望无际的茫茫雪原才是它们真正的家。

雪鸮

- **体长：** 50～70厘米
- **食性：** 肉食性
- **分类：** 鸮形目鸱鸮科
- **特征：** 全身为白色，有黑色的斑点

金黄鹂

- **体长：** 约24厘米
- **食性：** 杂食性
- **分类：** 雀形目黄鹂科
- **特征：** 身体呈金黄色，翅膀和尾巴为黑色

雪鸮没有耳部羽簇，头圆而小。

喙部呈弯钩状，锋利结实。

雪鸮的羽毛洁白，带有黑色斑点，利于伪装和隐藏。

腿部和爪覆盖羽毛。

即刻扫码
- 探访飞鸟王国
- 解密鸟类档案
- 追寻空中旅客
- 动物常识测试

秃鹫

秃鹫属于大型猛禽，主要生活在低山丘陵、高山荒原和森林中的荒原草地、山谷溪流地带。它们身长 90 ~ 120 厘米，身披黑褐色羽毛，翅展有 200 厘米长，善于滑翔。秃鹫的眼神凶狠，喙部锋利，以动物的尸体为食。它们在找不到食物的时候有极强的耐饥力，但只要一有机会就会饱餐一顿。值得一提的是，人们从未见过秃鹫的尸体，当它们预感到自己的死亡来临时，就会一直拼命飞向高空，朝着太阳飞去，直到太阳和气流将自己的身体消融。这就是它们临终的告别，乘风而来又乘风飞去。

秃鹫的飞翔能力较弱，通常以滑翔的方式飞行。

会变色的秃鹫

秃鹫在抢夺食物的时候，身体的颜色会发生改变。秃鹫的脖子是暗褐色的，当它们啄食食物的时候，脖子会变成鲜红色。这是它们在示威，告诉旁边的秃鹫最好不要靠近，但是等到更加强壮的秃鹫冲上来的时候，它们瞬间就会败下阵来，原来的红色也消退成白色，当它们平静下来就又恢复到了原来的体色。

草原上的"清洁工"

秃鹫主要吃动物的尸体和一些腐烂的肉，如乌鸦、豺和鬣狗。秃鹫常常在开阔裸露的山地和平原上空翱翔，有时也可能看不到猎物，这时正在草原上食尸的其他动物会为它们提供目标。它们会降低飞行高度，观察是否还有食物，如果发现食物，它们就会迅速降落，周围几十千米以外的秃鹫也会赶来，以每小时 100 千米的速度冲向美味，将所有食物扫荡一空，因此秃鹫又被称作"草原上的清洁工"。

喙部呈弯钩状，
利于啄食食物。

秃鹫的头部羽毛
极短。

脖子底部的圈
毛较长。

西域秃鹫

- **体长：** 90～120厘米
- **食性：** 肉食性
- **分类：** 隼形目鹰科
- **特征：** 头颈部只有较
  少的绒羽

91

蛇鹫

蛇鹫的体形像鹤，属于大型陆栖猛禽。它们身高 125 ～ 150 厘米，身体上的羽毛呈浅灰色，飞羽呈黑色，带有白色花纹，头后方长有向四周放射状的羽毛，非常有趣。它们的腿长而且肌肉强健，有厚厚的鳞片保护。虽然蛇鹫可以飞行，但是它们更喜欢走路，活动范围足足有 30 千米。它们通常生活在热带开阔草原和稀树草原地带，不喜欢生活在非常干旱的沙漠和被树林覆盖的地方。蛇鹫主要以大型昆虫和小型哺乳动物为食。它们还有个名字叫作"秘书鸟"，这一说法来自它们头部后方的羽毛，看上去就像是秘书头上夹着的羽毛笔。蛇鹫的外表美丽而又独特，曾经在至少 30 个国家的邮票上出现过，它们还是苏丹共和国国徽上的图案。

优雅的捕食能手

在蛇鹫腿的上半部有着黑色绒毛，好像是专门为了跳舞准备的服装，行走的蛇鹫就像是一位优雅的舞蹈家，在草原上翩翩起舞，美丽动人。但是蛇鹫腿部的杀伤力也是不容忽视的，是它们用来捕食的利器。蛇鹫的小腿和脚上都覆盖着鳞片，这就好比战士穿上了铠甲，在面对猎物的挣扎与撕咬时无所畏惧，强如毒蛇的牙齿都不能穿透那一层"铠甲"，让人闻风丧胆的眼镜蛇在它面前也要瑟瑟发抖。

孤独的漫步者

单身的蛇鹫不喜欢群居生活，即使有时候能看见它们成对或者三五成群地在一起，那也只是暂时性群居。作为鸟类，蛇鹫有着翱翔长空的翅膀，但是它们却更喜欢行走于陆地上，过着脚踏实地的生活，甚至平均每天行走 20 ～ 30 千米，只有生命受到威胁时才会升空躲避危险，所以我们印象中的蛇鹫经常独自在草地上漫步，巡视自己的领地。

头上有放射状分布的长羽毛，又被称为"秘书鸟"。

蛇鹫身形高大，体形像鹤。

蛇鹫腿长，更喜欢在陆地上行走。

蛇鹫

- **体长**：125～150厘米
- **食性**：肉食性
- **分类**：鹰形目蛇鹫科
- **特征**：腿非常长，头部有几根装饰用的长羽毛

93

孔雀

孔雀属于鸡形目，雉科，又名"越鸟"，原产于东印度群岛和印度。雄鸟羽毛华丽，尾部有长长的覆羽，羽尖带有彩虹光泽，覆羽可以展开，在阳光的照射下光彩夺目。其头部有一簇羽毛，更加凸显它们的高贵与美丽。孔雀生性机灵、大胆，常常几十只聚在一起飞翔，早晨鸣叫声此起彼伏。它们的翅膀不够发达，脚却强健有力，善于奔走但不善于飞行，行走姿势与鸡一样，一边走一边头点地，这种行走姿势似乎与它们高贵的气质不太般配。孔雀生活在高山乔木林中，最喜欢生活在水边。它们在地面上筑巢，却喜欢在树上休息。孔雀的食性比较杂，主要以种子、昆虫、水果和小型爬行类动物为食。每年的春季是它们交配的季节，一窝会产4～8枚卵，由雌雄双亲共同育雏。

美丽的尾巴

孔雀尾羽的图案很奇特，像是一只只眼睛，雄性孔雀的尾巴羽毛很长，展开时就像一把大扇子。在交配的季节，雄性孔雀会展开自己绚丽夺目的尾巴来吸引雌性孔雀，雌性孔雀会根据雄孔雀羽屏的艳丽程度来选择配偶。孔雀尾巴不仅仅是用来求偶的，还有很多作用。在飞行时，可以起到保持平衡、控制飞行的作用。在遇到危险的时候就会展开尾羽，利用像眼睛一样的斑纹吓唬敌人，还会不断抖动尾巴发出"沙沙"的声音。

白孔雀

白孔雀是由蓝孔雀变异而来，浑身羽毛洁白无瑕，眼睛呈淡红色，开屏时，就像一个穿着美丽婚纱的少女，高贵而美丽。它们的数量较为稀少，极具观赏价值。

绿孔雀

绿孔雀是鸟中皇后，是国家一级保护动物，主要有七种颜色。绿孔雀羽冠呈长条形，脸部为鲜黄色，雄孔雀羽毛翠绿，下部闪烁着紫铜色光泽，尾部覆羽发达，开屏时闪耀着光芒，光彩夺目。

蓝孔雀

- **体长**：90～230厘米
- **食性**：杂食性
- **分类**：鸡形目雉科
- **特征**：有着非常艳丽的羽毛颜色，长长的尾羽能够开屏

头上有羽冠。

孔雀是鸡形目中最大的一种，体长可达2米。

雉鸡

雉鸡属于雉科鸡类，在中国分布广泛。它们的头顶呈灰褐色，带有绿色光泽，有白色眉纹，羽毛华丽，尾羽较长，中间尾羽最长，呈灰黄色，带有对称的黑色斑纹。因为它们颈部下方有一圈显著白色环状花纹，就像戴了一条项链，所以也被叫作"环颈雉"。雉鸡虽然能够飞行，但是不能飞很久，所以它们比较善于奔跑。它们喜欢栖息在草木丛生的丘陵中，主要以植物的嫩叶、嫩芽、草茎、果实和种子为食，有时也捕捉昆虫和小型无脊椎动物来换换胃口。雉鸡的繁殖期在 2 ~ 5 月，这时候它们会选择在灌木丛或草丛中的凹陷处建巢，为了舒适，巢中会垫有落叶、枯草等。每窝产卵 6 ~ 15 个，雌性雉鸡单独孵化，孵化期为 24 ~ 25 天。

雉科动物

雉科是鸟纲鸡形目中的一个科。雉科的雄性通常有极其华丽的羽毛，属于最美鸟的行列，许多人都很喜欢它们，并且在中华文化中占有重要地位。无论是鹑类还是雉类，在中国的数量都非常丰富，更有一些属于我国的特产品种，因此中国有"雉类的王国"之称。中国的雉科动物一半以上的种类都是国家重点保护野生动物。

雌雄差异较大

雄鸟羽毛通常为棕褐色，头部为深绿色，有小型羽冠和红色眼斑肉垂，大多数有白色颈环，小部分颈环有退化，尾羽较长而有横斑。雌鸟的羽色单调，全身为有杂斑的棕褐色和灰色，尾羽也较短。

即刻扫码

探访飞鸟王国
解密鸟类档案
追寻空中旅客
动物常识测试

脖子下部有一圈白色环纹,因此被称为"环颈雉"。

雄鸡羽毛颜色鲜艳,光泽明显。

99

麝雉

麝雉在分类上有争议,它们与鹃形目及鸡形目都有亲缘关系。麝雉体长约 65 厘米, 体重只有 810 克左右, 体形细长, 头上有一簇长直的红褐色羽冠。麝雉的上半部分外形看上去很像孔雀, 雌性与雄性并无太大差异。它们喙部较短, 有一对很大的翅膀, 但是却没有飞行能力, 脚有四趾, 非常强健。麝雉喜欢群居, 栖息于经常发生洪涝灾害的雨林中, 所以它们非常擅长游泳。它们身上会散发出非常难闻的气味, 让其他的动物无法靠近, 依靠这些气味, 它们可以防身。麝雉的生活很单调, 很少游泳也不善飞行, 除了觅食以外, 基本不动, 就像青蛙那样一直坐着, 栖息在树上。

麝雉繁殖时期需要请"保姆"

在繁殖时期, 麝雉的家庭里除了夫妻两个之外, 还有"保姆"。科学家经过观察发现, 一半以上的麝雉家庭存在"保姆", 大多数家庭只有一个, 很少会有三个以上的。这个"保姆"可能与"主人"有血缘关系, 也可能只是"陌生人", 它们帮助"主人"保护领地、看护宝贝、建造巢穴。当然这些帮助并不是无私奉献, 它们会从中学到经验, 而且最终它们会成为"主人"的继承者, 也就是新的"主人"。

强大的消化系统

麝雉的食谱比较清淡, 它们喜欢吃珍珠树上的叶子。它们用喙部将树叶从树上摘下, 然后狼吞虎咽地吃下去。这种叶子中含有大量的纤维素, 很难消化, 但是不用担心, 麝雉拥有一个叫作嗉囊的器官, 嗉囊能够先将树叶分解, 然后再进入胃中消化吸收。

头部很小。

身体散发难闻的气味，并以此防身。

麝雉头部有长短不一的羽毛，身体羽毛棕色带有白色条纹。

麝雉体长较长，但体重很轻。

🦅 麝雉

· **体长**：约65厘米
· **食性**：杂食性
· **分类**：鹃形目麝雉科
· **特征**：有棕色和灰色的皮毛

渡渡鸟

渡渡鸟又称"毛里求斯多多鸟"，是一种不会飞的鸟。1598 年，一艘开往印度的船中途偏离了方向，于是发现了毛里求斯岛，在岛上发现了渡渡鸟。从渡渡鸟被发现到它们灭绝，仅仅经过不到 200 年的时间，毁灭之迅速让人感到惋惜。2006 年 6 月，在毛里求斯岛的南部，渡渡鸟的骨骼被科学家们挖掘出来，与它们一同被发现的还有毛里求斯大海龟、鹦鹉和一些树的种子，这些发现为科学家们的研究提供了一些依据。2016 年 8 月，世界上保存最完整的渡渡鸟骨骼拍卖价格达 440 万元。

❯ 渡渡鸟

- **体长**：约100厘米
- **食性**：杂食性
- **分类**：鸽形目孤鸽科
- **特征**：体形非常笨重，翅膀短小

渡渡鸟的灭绝

有人认为渡渡鸟是被捕猎者吃光的，但当时的一名船员在日记上记载说渡渡鸟的肉很粗糙，煮不熟只能将就着吃，而且有很多油，吃起来非常腻，所以渡渡鸟不会是被人吃光的。但是它们的灭绝与人类也脱不了干系。人类到来之前，毛里求斯岛上从来没有大型的哺乳动物，人类的到来也带来了新的物种，它们以渡渡鸟为食，排挤渡渡鸟，破坏了渡渡鸟的生存环境，而渡渡鸟对于这些动物并没有抵抗能力。最终导致了渡渡鸟的灭绝。

渡渡鸟与大颅榄树

在毛里求斯岛上有一种树，叫作大颅榄树。这是一种高大的热带乔木，木质坚硬，是一种很好的木材资源，几百年前它们广泛分布于全岛，如今却只剩下了几棵百年老树，在岛上孤孤单单地伫立着。让科学家们感到奇怪的是，这些百年老树年年都开花结果，却没有一颗种子能够发芽。科学家们为了培育新芽，采集种子做了各种实验，都没有成功。最终科学家们发现，渡渡鸟才是让大颅榄树发芽的关键，它们以大颅榄树的果子为食，果核经过它们的胃的处理才能够发芽，科学家根据这个原理最终培育出了新的树苗，让大颅榄树摆脱了灭绝的命运。

喙部前端有弯钩。

体形巨大，在尾部有一簇向上卷起的羽毛。

渡渡鸟的翅膀短小，双腿很粗壮，它们无法游泳，擅长跳跃。

103

旅鸽

旅鸽为鸽形目旅鸽属下的一种陆禽，是一种喜欢旅行的鸽子，它们还是近代灭绝鸟类的代表。旅鸽生活在北美落叶林区，它们身体细长，约32厘米，体重250～340克，尾巴长而尖，翅展约65厘米，头部和背上部羽毛为蓝灰色，尾羽呈白色，其中有两枚是灰褐色，翅膀呈灰褐色且带有不规则的黑色斑纹，胸部呈橘色并带有白斑，旅鸽腹部至尾部为棕灰色，喙为黑色，腿、脚呈红色。雄性的旅鸽翅膀呈灰绿色。旅鸽主要吃一些浆果、坚果、种子和无脊椎动物，喜欢群居生活。

尾部较长。

旅鸽的名字

旅鸽是一种需要迁徙的鸟，每次迁徙时都是成群结队地飞行，其覆盖范围可以达到1.6千米宽，500千米长，向南飞行到墨西哥或者古巴。美国拓荒者在荒野里赶着马车行走时遇到了迁徙中的旅鸽群，遮住太阳达几个小时，旅鸽的名字由此而来，其英文名中的"passenger"意为"从身边经过者"。

旅鸽的繁殖

3—9月是旅鸽的繁殖期，它们会成群结队地在树上筑巢，巢穴大多数用细枝编成，集群现象非常严重，在一棵树上能够发现有100个旅鸽的巢穴。旅鸽的繁殖能力非常弱，每次仅仅产一枚卵，孵化期为12～13天，它们的寿命约为30年。

旅鸽

- **体长：** 约32厘米
- **食性：** 杂食性
- **分类：** 鸽形目鸠鸽科
- **特征：** 翅膀呈灰色，喉部及胸部呈橘色

背上部呈蓝灰色，颈部羽毛色彩艳丽。

旅鸽体形似斑鸠，翅膀细尖，尾部羽毛呈扇形。

105

鸽子

鸽子，是一种生活中非常常见的鸟，在世界的各个角落都能看到它们的身影，尤其是在各个著名广场上，它们与游人亲切互动，非常友爱。它们的出现距今已经有五千多年的历史了，陪伴着人类一路走来。鸽子很擅长在天空中自由自在地飞翔，它们的翅膀很大很长，有着强有力的飞行肌肉，所以，它们的飞行速度较快，耐力也比较强。

翅膀较长，可长距离飞行。

导航能力强

半个世纪以来，世界各地的科学家和热衷于研究鸽子的人都对鸽子为什么能从很远的地方回到家这个问题，提出了各种各样、五花八门的猜想和假设。至于原因是什么，牛津大学一份研究报告指出，鸽子可能会利用道路、高速公路等进行导航。还有人认为是因为太阳、磁场。但都没有给出一个准确的答案。有一点是毋庸置疑的，聪明的鸽子确实是具备从百公里以外回到自己家的能力。

记忆力较强

别看鸽子个头不大，外形上在鸟类当中也不是特别出众的，但是它们有惊人的记忆力，谁对它好，谁对它们不好，心里清楚得很。小家伙对于经常悉心照顾它们的人显得格外温顺和亲近，反之，就不会这么温柔啦。和人一样，鸽子也会对一些事物形成习惯，而且一旦形成，要花费好长一段时间才能改变过来。在古代，鸽子还充当着人们的"信使"。

原鸽（驯化后称为"家鸽"）

- **体长：** 约50厘米
- **食性：** 植食性
- **分类：** 鸽形目鸠鸽科
- **特征：** 身体主要为灰色，家鸽
  有许多颜色不同的品种

体色为灰色，也有白
色和灰蓝色的。

107

斑鸠

斑鸠是鸽形目斑鸠属鸟的统称，属脊索动物门鸟纲鸽形目。斑鸠的体形比家鸽要小，脖子很细，头很小，翅膀狭长，第二枚和第三枚初级飞羽是最长的，尾巴很长向外凸出，全身羽毛呈灰褐色，没有金属光泽，雌鸟和雄鸟长相基本相同。因为背部脖颈处的位置羽毛是黑色的，上面点缀着珍珠大小的白斑，因此被称为斑鸠。斑鸠除了在拉丁美洲和个别地区（如伊里安岛等）没有分布以外，广泛分布于世界各地，世界上共有 16 种斑鸠，我国只有 5 种。它们的巢穴会建在树木上或者灌木丛中。斑鸠主要以植物的种子为食，尤其是农作物的种子，比如稻谷、玉米、小麦、豌豆、黄豆、芝麻、高粱等，有时也会加点儿荤菜，如蝇蛆、蜗牛、昆虫等。勤劳的斑鸠，天一亮就离开巢穴去觅食，觅食活动在 7—9 时和 15—17 时最为活跃。

斑鸠和鸽子的区别

　　许多人把斑鸠当作野鸽子，其实鸽子和斑鸠是两种不同的属。从外形上看鸽子的头比斑鸠的头要大许多，斑鸠的尾巴是凸型尾，比鸽子的尾巴长。斑鸠通常都是栖息在树上，有时也会在阳台上筑巢；鸽子一般在悬崖、山洞里筑巢。斑鸠的喙部是红色的，没有鼻瘤，因此看起来比较长。从体形上看，斑鸠的体形比鸽子小很多。

魔术师手中的"鸽子"

　　很多时候，在魔术舞台上，从魔术师手中变出来的"鸽子"其实是斑鸠。魔术师一般不会用鸽子作为魔术道具，因为鸽子性情暴躁，体形大，好动，易咬人。参演魔术的斑鸠是一种人工培育的专用斑鸠，它们非常温顺，很好驯养，所以魔术师都喜欢用斑鸠作为魔术道具。

珠颈斑鸠

- **体长**：28～32厘米
- **食性**：杂食性
- **分类**：鸽形目鸠鸽科
- **特征**：颈部有许多白色小斑点，像珍珠一样

斑鸠的头小，脖颈较细。

通体羽毛为灰色或者褐色，脖颈处羽毛是黑底带白点。

尾部很长，羽毛外凸。

走鹃

走鹃是鹃形目杜鹃科的鸟类，羽毛褐色和白色相间，呈条纹状。它们长有短短的羽冠，羽毛蓬松，眼后的皮肤裸露，蓝红相间。走鹃主要分布于北美地区，包括美国、加拿大、格陵兰、百慕大群岛及墨西哥境内北美与中美洲之间的过渡地带，也是美国新墨西哥州的州鸟。它们虽然是鸟类，但是只能够短距离滑翔。它们的小腿粗壮，呈浅蓝色，非常擅长快速奔跑。走鹃的食量很大，主要捕食昆虫、蜥蜴和蛇。走鹃经常将巢穴建在仙人掌或者小树的下层，巢穴由树枝构成，非常结实。它们每窝产卵 2～12 枚，卵呈白色。走鹃的雏鸟非常小，羽毛呈淡黄色。

聪明的走鹃

走鹃虽然不会飞，但是它们练就了高超的捕食技能和一双"飞毛腿"。当太阳刚刚升起的时候，走鹃就已经离巢去捕捉食物。如果遇到较大的响尾蛇，聪明的走鹃是不会贸然进攻的。它们会围绕响尾蛇慢跑，慢慢激怒它，同时观察它的弱点。当它们发现响尾蛇的攻击速度低于自己时，就会进攻响尾蛇的七寸，并用喙将其啄死，然后再从头部慢慢地吞下。

动画中的走鹃

在华纳公司的一部动画片中有个搞笑的桥段，就是哔哔鸟的故事。哔哔鸟是美国动画中的经典角色，它的原型就是走鹃。在动画片中，走鹃的特点被表现得淋漓尽致，它奔跑速度非常快，每分钟可以跑 500 多米，时速可达 30 千米。在它奔跑的时候会发出"哔哔"的声音，所以人们根据其叫声取名为"哔哔鸟"。

走鹃

- **体长**：约56厘米
- **食性**：肉食性
- **分类**：鹃形目杜鹃科
- **特征**：身体羽毛为褐色和白色相间，擅长奔跑

尾巴很长，几乎
与身体等长。

走鹃头上羽冠很短，眼部
后面的皮肤没有羽毛覆盖。

走鹃的羽毛是褐色和
白色相间的，有条纹。

走鹃的腿很粗壮，
擅长快速奔跑。

111

鸡

鸡在日常生活中几乎随处可见，它们的繁殖能力强，成活率也特别高，所以在家禽中，鸡的数量是最多的。自古以来，都是物以稀为贵，而鸡这种遍地都是的动物很少被人们重视，但是它们的营养价值和经济价值却不能被忽视。鸡的种类有火鸡、乌鸡、野鸡等，本部分讲述的内容为家鸡。

🕊 **家鸡**

· **体长：** 约35厘米
· **食性：** 杂食性
· **分类：** 鸡形目雉科
· **特征：** 头部有红色的冠

公鸡打鸣

一声高亢而有力的鸣叫打破了黎明的寂静，这就是公鸡每天必须完成的任务。公鸡并不是无缘无故的司晨，这一声鸣叫蕴藏着深刻的含义，这是一种"宣告主权"的方式，让周围鸡群知晓它们至高无上的地位，也是在警告周围的公鸡不要欺负它们的家眷。其实，鸡的脑袋里有一种可以分泌褪黑素的"松果体"，当有光照射到它们眼睛的时候，这种褪黑素会被抑制，就诱发了鸡的打鸣。

胆小的鸡

鸡是一种非常胆小的动物，常常是受到一点儿惊吓就会躁动不安。每当有突然的闪光和巨大的声响产生时，鸡群就会惊厥，乱成一团，情况严重时还会发生踩踏事件，造成伤亡。所以，饲养者应该在安静的环境下饲养它们，同时要防止猫、狗或者老鼠进入鸡舍惊扰它们，影响它们的生长发育。

👀 **即刻扫码**

探访飞鸟王国
解密鸟类档案
追寻空中旅客
动物常识测试

喙细小尖锐，
啄食粮食和小
虫子。

雄鸡体形较雌鸡大
一些，肉冠也更大。

雄鸡的尾巴较长，
色彩丰富有光泽，
雌鸡尾巴较短。

113

鸭子

小鸭子一身金黄色的绒毛非常惹人喜爱。鸭子有野鸭和家鸭之分，它们既能在水里游，也能在陆地上走。通常野鸭的体形要比家鸭小，颈短，脚上带有蹼，在水面上活动，有较强的潜水能力。家鸭的体形相对较大，通常生活在陆地上或者水中，主要以鱼、虾、水草、泥鳅等为食。鸭子具有 360° 视野，它们不用转头就可以看到身后的风景。它们的飞羽较短，不能像天鹅一样高飞。雄鸭每年会换两次羽毛，它们会用漂亮的羽毛来吸引雌性与它们配对，只有在繁殖的季节，鸭子们才会出双入对。

鸭子浮水

为什么鸭子可以浮在水面上，而鸡不能？因为在鸭子的尾部有一个特殊的构造，叫作尾脂腺。鸭子的尾脂腺特别发达，它们的胸部还能分泌一种含有脂肪成分的角质薄片，鸭子平时会用喙部将尾脂腺分泌的脂肪和胸部分泌的角质薄片涂抹在羽毛上，这样它们在接触水的时候羽毛就不会湿。它们的羽毛很轻，加上水的浮力就可以托起整个身体漂浮在水面上。而鸡的脂肪含量很少，所以不能在水中浮起来。

家鸭

- **体长**：约50厘米
- **食性**：杂食性
- **分类**：雁形目鸭科
- **特征**：啄部扁，体形要比野鸭大很多，一般不会飞

鸭子的啄部又扁又宽。

翅膀部的飞羽较短，无法在高空中飞行。

鸭子的脚掌上有蹼，能在水中游泳。

115

鸵鸟

鸵鸟最早出现在始新世时期，种类繁多，主要分布于非洲北部和亚欧大陆。鸵鸟是世界上最大的鸟，也是唯一的二趾鸟。它们身材高大，翅膀和尾部披着漂亮的长羽毛，脖子细长，上面覆盖着棕色绒毛，羽毛蓬松而且下垂就像一把大伞，可以在沙漠中起到绝热的作用。鸵鸟长着一对炯炯有神的大眼睛，一颗眼球重达 60 克，而且有非常好的视力，可以看清 3 ~ 5 千米远的物体。它们在群体进食时，不会一直低着头，会轮班抬头张望，这样可以在第一时间发现敌情，并以最快的速度躲避。鸵鸟的世界是一夫多妻制，一只雄鸟会配 3 ~ 5 只雌鸟。它们的寿命很长，可以活到 60 岁。

一步八米的强壮大腿

鸵鸟身材高挑，有一双大长腿，是世界上唯一拥有两个脚趾的鸟类。它的外脚趾较小，内脚趾特别发达，非常适合奔跑和跳跃。它们一跃可跳 2.5 米高，一步可跨 8 米远，最快的奔跑速度可达每小时 70 千米以上，奔跑能力令人惊叹。

其实不会把头埋进沙子

人们都认为鸵鸟遇到危险会把头埋进沙子里来躲避危险，这其实是对鸵鸟的误解，这一误解来源于普林尼的一句话："鸵鸟认为当它们把头和脖子戳进灌木丛里时，它们的身体也跟着藏起来了。"后来流言就变成鸵鸟是将头埋进沙子里。其实它们根本不会那样做，那会让它们活活憋死在沙子里的，危险来临时它们只会逃跑。

鸵鸟

- **体长：** 最大约270厘米
- **食性：** 杂食性
- **分类：** 鸵鸟目鸵鸟科
- **特征：** 颈部和腿特别长，有黑色和白色的羽毛

有一对宽大的翅膀，但是却不会飞。

像蛇一样长长的脖子上几乎没有羽毛

一双大长腿让它们拥有相当快的奔跑速度。

现存鸟类中唯一的二趾鸟类。

117

几维鸟

几维鸟身材短粗，羽毛纤细，呈黄褐色，由于翅膀退化，已经无法飞行，是全球唯一幸存的无翼鸟。它的喙基处像猫一样长有胡须，鼻孔长在喙尖上，嗅觉非常灵敏，可以嗅到地下 10 厘米深处的虫子。几维鸟的眼睛很小，视力不好，能够适应黑暗的环境，不能被阳光照射，否则会失明，在大白天几维鸟走在路上是很容易撞树的。纯白色羽毛的几维鸟非常漂亮，但是相当罕见，在新西兰的一家野生动物中心曾孵出一只全身雪白的几维鸟，引得万众瞩目。

不能飞翔

几维鸟浑身长满细密蓬松的羽毛，羽毛柔软，没有一般鸟坚硬的廓羽，没有翅膀，所以不能飞翔。它们在地球上生活了数百万年，在这数百万年中没有天敌，也不需要飞到高处去觅食，以泥土中的蚯蚓、昆虫、蜘蛛等为食，于是几维鸟的翅膀逐渐退化，再也无法飞行，只能在地面上行走。

几维鸟（鹬鸵）

- **体长**：45～55厘米
- **食性**：肉食性
- **分类**：无翼鸟目无翼鸟科
- **特征**：身材矮小，翅膀退化，喙很长

圆圆的身体像是个毛球。

它们有个长长的喙，有时候用它充当第三只腿。

足部有四趾，三前一后。

几维鸟的腿强健有力，善于行走。

119

金刚鹦鹉

金刚鹦鹉色彩明亮艳丽。它们体长约 1 米，重约 1.4 千克，是体形最大的鹦鹉。金刚鹦鹉最有趣的地方是它们的脸，脸上无毛，情绪兴奋时脸上的皮肤会变成红色，非常可爱。它们栖息在海拔 450 ~ 1000 米的热带雨林中，喜欢成对活动，在繁殖时期会成群活动。它们会在中空的树干内或悬崖的洞穴内筑巢，每窝繁殖的后代很少。加上栖息地被破坏、猎捕严重等原因，导致金刚鹦鹉的数量在慢慢减少。我们要大力保护它们，不要让这么可爱的金刚鹦鹉消失不见。

口齿伶俐的语言专家

金刚鹦鹉很聪明，它们不仅会"嘎嘎"地叫，还具有超强的模仿能力，能够模仿多种不同的声音。它们比较容易受人类的训练，可以模仿人类说话。除了人类的语言，它们还能模仿小号声、火车鸣笛声、流水声、狗叫声和其他鸟的声音等。八哥、鹩哥等一些会模仿声音的鸟也不如它们口齿伶俐。

百毒不侵的金刚之身

金刚鹦鹉的食谱是由花朵和果实组成的，其中有许多有毒的种类，但是金刚鹦鹉不会中毒。它们百毒不侵的本领源于它们所吃的泥土，当它们吃了有毒的食物之后，要去吃一种特殊的具有神奇治疗效果的黏土，这种黏土就是解毒剂，可以与金刚鹦鹉吃下的毒素中和，防止鹦鹉中毒。

🦜 绯红金刚鹦鹉

· **体长：** 约1米
· **食性：** 植食性
· **分类：** 鹦形目鹦鹉科
· **特征：** 颜色非常艳丽，
  体色主要有红、
  黄、蓝三色

金刚鹦鹉是体形最大的鹦鹉，它们色彩艳丽，羽毛颜色丰富。

金刚鹦鹉的喙部较大，呈镰刀状，很锋利，能啄开坚硬的坚果。

金刚鹦鹉每只脚有四趾，两趾在前，两趾在后。

灰鹦鹉

　　灰鹦鹉又叫"非洲灰鹦鹉"，是因为它们生活在非洲的低海拔区域和雨林里面。在灰鹦鹉还是幼鸟时就可以学会说话，饲养环境下生活的灰鹦鹉也可以和饲养者进行互动。灰鹦鹉绝对是鹦鹉中最受欢迎的，用"最聪明的鸟"来形容它们一点儿也不过分。它们的智商很高，也是世界上已知的几种能和人类真正交谈的动物之一。

灰鹦鹉趣闻

　　吉尼斯世界纪录中有这样的记载：一只在2007年去世的名叫Alex的灰鹦鹉具有超凡的认知和与人类交流的能力，它能够辨别50种不同的物体，除此之外，它还能够识别颜色和形状等，还可以用简单的词汇表达自己的想法。研究人员指出Alex拥有5岁左右孩子的智商和2岁孩子的情感。这也改变了灰鹦鹉只能机械地模仿人类语言和行为的认知。

饮食习惯

　　灰鹦鹉喜欢吃各种果实、种子、坚果和谷物。觅食的时候会成群结队，有时候会去农田里找食物，对农作物造成一定的损失。如果是人工饲养，平时除了要给它充足的谷物和坚果之外，还要注意维生素和钙质的补充，注意营养均衡。

灰鹦鹉披着深浅不一
的灰色羽毛。

灰鹦鹉的尾羽呈
红褐色。

鸡尾鹦鹉

鸡尾鹦鹉又叫"玄凤鹦鹉"，原产于澳大利亚，数量繁多。它们身长约30厘米，翅膀长约18厘米，头部带有4～6厘米的顶冠，驯养的鹦鹉顶冠比较长，可达11厘米。它们的寿命为20年。鸡尾鹦鹉的尾巴很长，是身体长度的一半，鸡尾鹦鹉最大的特点在于羽冠，当它们受到惊吓或者非常兴奋的时候顶冠会直立起来，顶冠倾斜的时候处于放松状态。鸡尾鹦鹉全身羽毛呈灰色或白色，头部羽毛呈黄色，两边脸颊呈橘红色，就像是故意涂上了红脸蛋，非常俏皮可爱。它们经常在河流、溪流附近活动，还常常在水中洗澡。生活在澳大利亚北部的鸡尾鹦鹉繁殖期约在4～7月，生活在南部的繁殖期在8～12月，繁殖期它们会选择在树洞或者岩洞中筑巢。

鸡尾鹦鹉的繁殖

鸡尾鹦鹉的繁殖力强，它们长到9～12个月大的时候就可以开始生育，但是为了能够繁育出健康的后代，通常让它们在15～18个月大的时候繁殖。它们每隔一天生一枚卵，一窝孵4～6枚。野生鸡尾鹦鹉由雌鸟孵化，孵化18～20天之后雏鸟就破壳了，雌鸟会早晚各喂雏鸟一次，在它们长到一个月大的时候羽毛才可以长成。

鸡尾鹦鹉的食物

野生鸡尾鹦鹉通常喜欢在地上寻找食物，它们聚成一小群去觅食，地上掉落的种子，鲜嫩的小草，树上的叶子，甚至是树皮都能成为它们的食物。野生的鸡尾鹦鹉不仅仅吃素食，有时候也捕食蚱蜢和其他不同的昆虫。鸡尾鹦鹉每天进食两次，早上日出以后，就会吃掉约2.72克的食物，到了晚上又会吃掉约4.25克的食物，一天大概要吃掉约7克的食物。

🕊 **鸡尾鹦鹉**

- **体长**：约30厘米
- **食性**：杂食性
- **分类**：鹦形目凤头鹦鹉科
- **特征**：羽毛为灰色或白色，头部有顶冠，脸上有橘红色的圆斑

即刻扫码
- 探访飞鸟王国
- 解密鸟类档案
- 追寻空中旅客
- 动物常识测试

124

鸡尾鹦鹉头部长
有顶冠，紧张时
顶冠会张开。

最明显的特征
是鸡尾鹦鹉长
着"红脸蛋"。

125

啄木鸟

在寂静的森林里，总是会传来"笃、笃、笃"的响声，听起来就好像是有人正在敲门一样。这是怎么一回事呢？原来，是一种非常特别的鸟正在用它们坚硬的喙敲打树干，它们就是啄木鸟。啄木鸟是鸟纲　形目啄木鸟科鸟的通称。这些鸟的头部比较大，喙部像凿子一样笔直而坚硬。它们用喙敲打树干其实是为了寻找躲藏在树干里面的昆虫。它们用尾巴当作支撑，用锋利的脚爪抓住树干，然后用坚硬的喙啄开树皮，把树干里面躲藏着的幼虫用细长的舌头钩出来吃掉。因为它们的食物主要是危害树木的昆虫，所以人们也把啄木鸟叫作"森林医生"。

我的脑袋不怕震

啄木鸟敲击树干的速度非常快。经过测定，啄木鸟每秒能啄 15～16 次，头部摆动的速度可以达到每小时 2000 多千米！为了避免冲击力伤害到脆弱的大脑，啄木鸟的头骨变得十分坚固，它们大脑周围的骨骼结构类似多孔动物，里面含有液体，有着良好的缓冲和减震作用。在头骨的周围还长满了肌肉，不仅具有减震效果，还可以使啄木鸟的喙与头部始终保持在同一直线上。这样一来，啄木鸟敲击树干所产生的冲击力就会被完美地吸收掉，不会对它们产生任何不利的影响。

美味藏在树干里

啄木鸟喜欢吃的昆虫大多躲藏在树干或者树洞里。它们围绕着树干螺旋形地攀爬，寻找幼虫可能藏身的地方。啄木鸟的食量很大，成年的啄木鸟每天能吃掉数百只到上千只昆虫。

大斑啄木鸟

- **体长：** 20~24厘米
- **食性：** 杂食性
- **分类：** 䴕形目啄木鸟科
- **特征：** 肩部和翅膀上有白斑

啄木鸟的听觉十分灵敏，它们就是靠听觉寻找树皮下的猎物的。

坚硬的喙，能像凿子一样剥开树皮。

啄木鸟的爪子非常有力，能抓住树皮在树干上攀爬。

尾巴在啄木鸟敲击树干的时候能稳稳地撑住身体。

129

杜鹃

杜鹃是杜鹃科鸟的统称，它们生活在热带和温带地区的丛林中，以虫为食，属于丛林益鸟。杜鹃的种类有很多，比较常见的有大杜鹃、三声杜鹃和四声杜鹃。大杜鹃的叫声"布谷、布谷"，所以又被叫作"布谷鸟"；三声杜鹃的叫声听起来像"米贵阳"，所以由此命名；四声杜鹃又被叫作"子归鸟"，它们的叫声似"快快割麦"，好像在督促人们努力工作。杜鹃在古代可是"大明星"，它们的大名经常出现在各种诗词歌赋中，深受文人骚客的喜爱。它们的声音清脆短促，能够唤起人们的多种情思。

寄生行为

杜鹃鸟自己不筑巢也不孵卵，它们将自己的卵产在其他鸟的巢穴中，并把寄主的蛋移出去几个，这样可以避免被发现蛋的数量变化，也能减少幼雏的竞争。杜鹃鸟的卵会比其他鸟早破壳，破壳之后就会将巢穴霸占，贪婪地享受着"养父母"的爱。大杜鹃可以将自己的卵寄生在 125 种其他鸟的巢穴中，多为雀形目鸟。它们也是有原则的，一个窝里只产一枚卵。

四声杜鹃

四声杜鹃是杜鹃科杜鹃属的一种，常见于中国东部。通常我们很难见到它们的身影，它们会躲在树冠里，我们只能听见其鸣叫的声音。它们的名字就来源于其叫声，四声为一个小节，声音十分响亮，在丛林中此起彼伏。四声杜鹃喜欢栖息在茂密的树冠里，常常是只叫不动。

大杜鹃（布谷鸟）

- **体长：** 约35厘米
- **食性：** 肉食性
- **分类：** 鹃形目杜鹃科
- **特征：** 尾羽上有比较密集的花纹，叫声类似"布谷"

131

戴胜

　　戴胜是一种栖息于温暖干燥地区的鸟，它们通常分布在南欧、非洲、印度、马来西亚等地区，在中国云南地区也能够看到它们的身影。戴胜是以色列国鸟，它们的外形非常美丽，头顶凤冠状五彩羽冠，喙尖长狭窄，羽毛纹路错落有致。它们全身只有黑、白、褐三种颜色，却搭配出华丽之感，令人过目难忘。戴胜在树上做巢，主要以虫类为食，它们生性活泼，经常用长长的喙到处翻动寻找食物。戴胜在遇到危险时，头上的羽冠会张开，恢复平静后，羽冠就闭合起来。

戴胜
- **体长：** 25～32厘米
- **食性：** 肉食性
- **分类：** 戴胜目戴胜科
- **特征：** 喙细长，头顶有一个羽冠

特殊的繁殖习性

　　戴胜的繁殖期在4～6月，每年繁殖一窝，每窝产卵6～8枚，最多的时候有12枚，卵为椭圆形，呈浅灰色或浅鸭蛋青色。孵化期为18天，由雌鸟单独孵化。雏鸟破壳时体重只有3.5克，全身肉红色，仅有头顶、背中线、尾等几处有少量白色绒羽，通过雌雄双亲的近一个月的喂养，雏鸟便可离巢。

戴胜文化

　　戴胜头顶五彩羽冠，羽毛错落有致，形象美丽又独特。在中国，戴胜象征着祥和、美满、快乐，更有许多诗人作诗来赞美戴胜。2008年5月29日，以色列总统宣布戴胜鸟为以色列国鸟，这是15万以色列人民共同选举的结果。

戴胜的家

　　繁殖期间，戴胜会把巢穴建在林中道路两边的天然树洞或啄木鸟的弃洞中。在缺少树洞的地区，它们也会在废弃的房屋墙壁或者悬崖缝隙中建巢，无处可去时也会在地面的枯树枝堆上将就一下。

戴胜鸟体形小，头部、颈部、腹部羽毛为淡棕色。

翅膀较长，黑白相间。

尾巴长，尾端羽毛呈黑色。

133

翠鸟

翠鸟是佛法僧目翠鸟科鸟的统称，分布于世界各地，在亚太地区种类最为丰富。翠鸟长着大大的脑袋，长长的喙，瘦瘦的身子，短短的尾巴。翠鸟的羽毛非常艳丽，上身呈蓝绿色，眼下和后颈部呈白色，肩和翅膀呈蓝绿色，胸部以下呈栗棕色，浑身羽毛都反射着金属光泽。当然，翠鸟的羽毛也有素色的。冠鱼狗是翠鸟的一种，它们是翠鸟中的大个子，羽毛呈细密的黑白斑点，因为头部有一个蓬松的羽冠而得名。它们主要栖息在有灌木丛或疏林、溪流、小河、湖泊以及灌溉渠等水域。它们性情孤僻，平时喜欢独自停留在水边的树枝或岩石上，等待时机捕食，食物以小鱼为主。翠鸟有一项特技，那就是它们在水下也能够保持较好的视力，在眼睛进入水中之后可以迅速调整因光线折射而形成的视觉反差，因此，翠鸟有着高超的捕鱼本领。

🦅 **翠鸟**

- **体长**：约15厘米
- **食性**：肉食性
- **分类**：佛法僧目翠鸟科
- **特征**：身上有亮丽的蓝色，非常漂亮

翠鸟不忌口

不同种类的翠鸟食谱也各不相同，翠鸟吃鱼、虾或者昆虫，这是再正常不过的食物了，有些个体比较大的蓝翡翠和白翡翠也会捕捉蜥蜴、蛇为食，甚至令人惊奇的是，翠鸟竟然捉老鼠，而且还吃小鸟。翠鸟虽然外表看上去很可爱，但是无法掩饰它们是个凶猛的猎杀者这个事实。它们有很强的适应性，在冬季，会利用人类凿出的冰洞扎入水下捉鱼，从而挺过漫长的冬季。

特别的嘴

翠鸟最大的特点在于它们的喙。翠鸟的喙又粗又直，长且坚硬。雄鸟上喙黑色，下喙红色；雌鸟上喙黑色，下喙橘黄色。它们可以用自己强壮的喙在水边的土崖壁上凿出洞穴，作为自己的巢穴。

翠鸟的喙部很
长而且粗壮，
啄食有力。

翠鸟的羽毛颜色鲜艳、
美丽。

135

夜鹰

夜鹰是夜鹰目中最大的属，它们分布广泛，除了新西兰及大洋洲的一些岛屿外，几乎全世界的温带和热带地区都能看见它们的身影。夜鹰通体羽毛为暗褐色，喉部有白斑，在飞行时十分明显。它们的鼻孔是管状的，通常在夜晚活动，吃会飞的昆虫。不需要任何的捕食技巧，只要有飞虫的地方，它们就能一边飞翔一边张开喙部进食。夜鹰的羽毛极为轻软，鼓动翅膀的速度缓慢无声。在捕捉昆虫的时候，它们常常飞行一圈之后，再杀个"回马枪"，每次都能进食大量的昆虫。夜鹰的羽毛颜色和树皮的颜色十分相近，它们在树上休息时，身体平贴于树干上，远远看去，仿佛与树皮融合在一起，因此它们在我国的华北地区被叫作"贴树皮"。

夜鹰的羽毛颜色和斑纹与树皮十分相近。

夜鹰的保护色

夜鹰羽毛的颜色和树皮的颜色非常相近，白天在树林中或者在树枝上休息的时候，人们很难发现它们。在树木众多的森林中，夜鹰的身体颜色能让它们很好地伪装起来。科学家们把这种能融入环境的体色叫作"保护色"。保护色有利于动物隐藏和伪装自己，躲避天敌的攻击，在捕食的时候，猎物也不容易因为被发现追捕而逃脱。

在黑暗中捕食

夜鹰是夜行性动物，常在夜晚发出"哒、哒、哒"的类似机关枪的声音，它们的觅食活动都在夜晚进行，因此被叫作"夜鹰"。夜鹰的眼睛很大，在黑暗中闪闪发光，视觉十分敏锐。它们的喙部很短很宽阔，能张开很大，喙部两侧还长着发达的胡须。在空中捕虫时，它们张大的喙部就像一张大网，能一口兜进大量的虫子。如果有虫子粘在它们的硬须上，它们还会用中趾上的"梳子"把小虫送进嘴里。

眼睛很大，在夜晚闪闪发光，视觉很敏锐。

喙部短而宽阔，两边长着发达的胡须。

🕊 夜鹰

- **体长**：约24厘米
- **食性**：肉食性
- **分类**：夜鹰目夜鹰科
- **特征**：身体的颜色看上去像树皮

雨燕

鸟类中飞行冠军肯定非雨燕莫属了，它们是世界上飞行速度最快的鸟，每小时飞行的距离能达到 110 千米，也有人说可以达到这个数字的 3 倍，但是还没有得到证实。每小时 110 千米的速度已经是很快了，这已经可以和汽车的速度相比了。这个"飞行专家"的喙很短，力量非常薄弱，但是它们的喙很大，能够在飞行中张开喙捕捉昆虫。

候鸟

雨燕喜欢吃蜘蛛和空中的小飞虫，为了在冬季也有足够的食物保证它们的生存，它们会在冬季来临前飞到比较温暖且食物充足的地方去度过寒冷的冬天。即使它们不提前飞去温暖的地方，每天觅食也会飞出去很远，一天来回数百千米，只为了吃上一顿饭，这对于飞行健将的雨燕来说，自然是不在话下。

不停息的飞翔

不仅仅是飞行时的速度快，雨燕飞翔的时间也比其他鸟长得多，几乎从来不在地面上停息。它们每天在天空中不停歇地盘旋、飞翔，好像永远也不知道疲惫似的。雨燕在飞翔中进食，在飞翔中休息，只要人们看到雨燕的身影，那它们一定是在飞。那么我们会质疑，雨燕不累吗？实际上又窄又长的镰刀形状的翅膀使它们在飞行中可以快速地扇动翅膀，以利于在飞行中减少过多的能量损耗，所以比其他的鸟飞行更省力。

狭长的镰刀形翅膀决定了它们的飞行模式，具有强大的爆发力。

雨燕
- **体长**：约14厘米
- **食性**：肉食性
- **分类**：雨燕目雨燕科
- **特征**：飞行速度极快

超强的翅膀使雨燕们不需要强大的胸肌。

139

蜂鸟

之所以叫它们为蜂鸟，是因为它们扇动翅膀的声音和蜜蜂"嗡嗡嗡"的声音非常相似。蜂鸟是世界上所有的鸟中体形最小的，所以它们的骨架不易于形成化石保存下来，迄今为止，它们的演化史还是个谜。别看它们的身躯小小的，却蕴藏着惊人的能量。它们在任何的陆地环境下都能够生存，但前提是要有足够的花朵和花蜜，可见它们的生命力很顽强，是一般的鸟所不能企及的。

飞行能手

蜂鸟是不折不扣的飞行能手，它们的翅膀扇动快速而有力，每分钟可以扇动 15 ~ 80 次，具体次数根据蜂鸟的体形大小而决定。蜂鸟还可以在空中徘徊"停飞"，甚至还能够倒着飞，而且和雨燕有着比较近的亲缘关系。

强烈的好奇心

蜂鸟对花朵情有独钟，对一切色彩鲜艳的事物拥有强烈的好奇心，但这些自己钟爱的花朵也常常令蜂鸟面临危险的境地。蜂鸟有的时候会把车库门口的红色门闩误认为是花朵，就会义无反顾地飞进去而被困在车库里面，此时的蜂鸟才意识到自己可能再也飞不出去了。出于求生的本能，蜂鸟会向上飞，很有可能会在这期间因精力耗尽而死去。但如果你发现了这种状态下的蜂鸟，一定要抓住它们，把它们放出去，此时的蜂鸟是很好抓的，而且在你放飞它们之前，它们会表现得很乖。

🦋 **蜂鸟**

- **体长**：约几厘米到十几厘米不等
- **食性**：杂食性
- **分类**：雨燕目蜂鸟科
- **特征**：颜色艳丽，有细长的喙，能做出悬停的飞行动作

蜂鸟的喙又细又长，有的向下弯曲。

有力的翅膀可以快速地扇动，发出"嗡嗡嗡"的声音。

蜂鸟身披鲜艳的羽毛，就像彩虹一样。

141

飞云游
爱上空

立即扫码

动物常识测试
快来测一测，你是动物知识小专家吗？

追寻空中旅客
鸟儿都爱旅行，解锁更多迁徙知识！

鸟乐园中精灵

探访飞鸟王国

跟随真实的镜头，近距离观看鸟类故事。

解密鸟类档案

翻看精美大图，数数鸟类到底有几种？